AF453276

RÉPERTOIRE AGRICOLE

RÉSUMÉ OU MEMENTO

CONFORME AU PROGRAMME OFFICIEL

DE L'ENSEIGNEMENT AGRICOLE

QUI DOIT ÊTRE DONNÉ

DANS LES ÉCOLES PRIMAIRES RURALES

ET

DANS LES COURS D'ADULTES

CONTENANT

Un très-grand nombre de tableaux de nombres importants et utiles
à tous, et de problèmes d'agriculture des plus usuels.

FAISANT SUITE A

L'ARITHMÉTIQUE N° 3

DE A. GUILMIN

ET AU

RECUEIL ANNEXE D'EXERCICES

Par A. GUILMIN et J. A. TESTU.

DEUXIÈME ÉDITION

PARIS

ALPHONSE PICARD, LIBRAIRE,

82, RUE BONAPARTE, 82.

1872

RÉPERTOIRE AGRICOLE

RÉSUMÉ OU MEMENTO

CONFORME AU PROGRAMME OFFICIEL

DE L'ENSEIGNEMENT AGRICOLE

QUI DOIT ÊTRE DONNÉ

DANS LES ÉCOLES PRIMAIRES RURALES

ET

DANS LES COURS D'ADULTES

CONTENANT

Un très-grand nombre de tableaux de nombres importants et utiles
à tous, et de problèmes d'agriculture des plus usuels.

FAISANT SUITE A

L'ARITHMÉTIQUE N° 3

DE A. GUILMIN

ET AU

RECUEIL ANNEXE D'EXERCICES

Par A. GUILMIN et J. A. TESTU.

———

DEUXIÈME ÉDITION

———

PARIS

ALPHONSE PICARD, LIBRAIRE,

82, RUE BONAPARTE, 82.

—

1872

AUX INSTITUTEURS, A TOUS LES MAITRES.

Le maître, qui veut donner une bonne instruction pratique, doit se rendre bien compte de ce que sont et de ce que deviendront ses élèves *considérés en général*, de ce qu'il leur importe le plus de savoir et de connaître en prévision de l'avenir, avoir égard à leur intelligence moyenne, et au fur et à mesure à leurs connaissances acquises. C'est en me faisant cette idée des devoirs du maître que j'ai rédigé mes arithmétiques, puis avec M. Testu, le recueil annexe d'exercices, ainsi que les livres des solutions que les instituteurs ont si bien accueillis ; c'est la même idée qui nous a dirigés dans la rédaction du Complément agricole que nous leur proposons aujourd'hui. Nous croyons qu'on ne peut pas faire utilement et par suite qu'on ne doit pas faire un cours d'agriculture scientifique et étendu aux élèves des écoles primaires rurales, qui ont peu ou point de connaissances scientifiques acquises, et sont destinés en général à devenir de simples ouvriers agricoles, ou des cultivateurs exploitant des propriétés peu considérables avec des moyens d'action presque toujours bornés. Il faut les tenir au courant des progrès accomplis, mais avec tact et mesure, et en se préoccupant sans cesse de ce qui leur sera indispensable ou vraiment utile. Cet enseignement doit être simple, clair, familier, tout à fait à leur portée.

C'est dans cet esprit que nous avons rédigé notre répertoire agricole. Tout en donnant suite à nos applications usuelles de l'arithmétique, nous avons voulu offrir aux instituteurs *pour leurs élèves du jour ou du soir*, un *résumé* ou *memento* des leçons faites dans l'ordre et suivant les prescriptions du programme officiel de l'enseignement agricole, et *pour eux-mêmes*, un texte *commode*, une espèce de programme très-détaillé de ces leçons à faire. Il leur suffira, si notre livre leur convient, de le mettre entre les mains de leurs élèves, et d'en développer, commenter ou compléter au besoin chacune des parties d'après leur expérience et leur savoir personnels, ou d'après des ouvrages spéciaux plus étendus, trop étendus en somme pour leurs élèves. Ils feront ainsi avec facilité et régularité le cours d'agriculture qui leur est prescrit ; cet enseignement pourra même, nous le croyons, pour plus de simplicité et d'efficacité réelle, être borné, dans beaucoup d'écoles, au contenu de notre petit livre qui renferme, nous le croyons, ce qu'il est nécessaire et vraiment utile à tous les élèves de savoir et de connaître.

SOUS PRESSE : **PETIT TRAITÉ DE COMPTABILITÉ AGRICOLE.**

Tout exemplaire non revêtu de la signature des auteurs sera réputé contrefait.

Abbeville. — Imp. Briez, C. Paillart et Retaux.

TABLE ANALYTIQUE ABRÉGÉE DES SUJETS TRAITÉS

§ 1er — VÉGÉTATION, TERRES.   Pages.

1. Composition de l'air et de l'eau. — 2. Respiration animale. —
3. Composition chimique des plantes. — 4. Composition et
classification des sols. — 5. Analyse chimique de quelques sols.
(2 *tableaux*, 10 *problèmes*.).................................... 4

§ II. — OPÉRATIONS PRINCIPALES DE L'AGRICULTURE.

Amendements et engrais — 6. Amendements, choix des marnes,
principe calcaire. — 7. Engrais. — 8. Excréments des animaux
et de l'homme. — 9. Principaux engrais. — 10. Emploi du
guano. — 11. Noir animal. — (5 *tabl.* ; 23 *probl.*)............ 6
Commerce des engrais. — 12 Bureau de vérification. — 13. Valeur d'un engrais — 14. Fraudes. — 15. Différentes sortes de
guanos. — (1 *tabl.*; 5 *probl.*).................................... 12
Suite des engrais. — 16. Composts. — 17. Engrais verts. —
(1 *tabl.*; 4 *probl.*).................................... 14
Culture et amélioration du sol. — 18. Labours. — 19. Autres
travaux de culture, prix de main-d'œuvre. — 20, 21, 22. Drainage, dimensions des tuyaux, exécution. — 23. Irrigations. —
(5 *tabl.*; 16 *probl.*).................................... 15
Travaux de semailles et de récoltes. — 24. Semailles. — 25. Préparation des semences. — 26. Création des prairies naturelles.
— 27. Récolte des céréales. — 28. Battage des céréales. — 29.
Prix de main-d'œuvre des diverses récoltes. (3 *tabl.*; 29 *probl.*). 20
Clôtures, chemins ruraux. transports. — 30 à 32. Fossés, palissades, haies. — 33. Voies de communications. — 34. Transports
par les animaux. — 35. Cordages. — 36. Transports à bras.
— (6 *tabl*, 13 *probl.*).................................... 27
Constructions rurales. — 37. Logements des animaux. — Mortiers. — 39. Maçonnerie des murs. — 40. Briquetage. — 41.
Crépis, enduits. — 42. Résistances des bois debout. — 43. Résistance horizontale. — 44. Planchers. — 45. Combles. — 46.
Couvertures. — 47. Pavage. — 48. Carrelage. — 49. Menuiserie. — 50 à 53. Peinture. — (10 *tabl.*; 28 *probl.*)........... 32

§ III. — VÉGÉTAUX INTÉRESSANT LA CULTURE FRANÇAISE.

54. Céréales. — 55. Légumes secs. — 56. Plantes oléagineuses. —
57. Plantes textiles. — 58. Influence de la culture sur le rendement. — 59. Principes nutritifs contenus dans les plantes.
— 60. Produit en filasse. — 61. Plantes tinctoriales et à produits divers. — 62. Plantes fourragères. — 63. Prairies artificielles. — 64, 65. Fenaison, récolte. — 66. Racines alimentaires et industrielles. — (6 *tabl.*; 22 *probl.*).................. 42
Plantes et insectes nuisibles, animaux utiles. — 67. Plantes nuisibles. — 68. Insectes nuisibles. — 69. Utilité des oiseaux. —
70. Autres animaux nuisibles. — (1 *tabl.*; 10 *probl.*)......... 53
Plantes ligneuses. — 71. Arbres fruitiers. — 72. Pépinières,
plantations. — 73. Arbres industriels. — 74, 75. Arbres forestiers. — 76. Exploitation des arbres. — 77. Estimation des
branchages. — 78. Valeur des bois de chauffage et des charbons. — (6 *tabl.*; 26 *probl.*).................................... 57

TABLE DES MATIÈRES.

§ IV. — ANIMAUX DOMESTIQUES.

Gros et petit bétail. — Animaux domestiques. — 80. Alimentation, engraissement, valeur nutritive des aliments. — 81. Ration des animaux. — 82. Classification du bétail. — (5 *tabl.*; 10 *probl.*).. 68

Renseignements sur les espèces. — 83. Races à lait. — 84. Bœufs et vaches à l'engrais. — 85. Bœufs de travail. — 86 à 88. Espèces chevaline, mulassière, asine. — 89, 90. Espèces ovine et caprine. — 91. Espèce porcine. (5 *tabl.*; 33 *probl.*)........... 70

Basse-cour, insectes industrieux. — 92. Volailles. — 93. Vers-à-soie. — 94. Abeilles. — (3 *tabl.*; 12 *probl.*)................. 78

§ V. — ÉCONOMIE RURALE.

95. Capitaux agricoles. — 96. Fermier, métayer, location du domaine. — 97. Assolements. — 98. Débris végétaux des assolements. — (2 *tabl.*; 7 *probl.*) 82

§ VI. — CULTURE DES JARDINS.

99. — Création d'un jardin. — 100. Culture, entretien. — 101. Légumes à racines nourrissantes. — 102. Légumes à tiges nourr. — 103. Légumes à fleurs nourr. — 104. *id.* à fruits nourr. — 105. *id.* à graines nourr. — (5 *tabl.*; 14 *probl.*).............. 85

§ VII. — COMMERCE AGRICOLE.

Transports. — 106. Définition. — 107. Transport par eau et par roulage. 108, 109. Transp. par chemin de fer. — 110. Expédition, frais divers, camionnage. — (8 *probl.*).............. 90

Commerce des céréales. — 111. Mode de vente. — 112. Classement des blés. — 113. Magasins publics. — 114. Droits d'entrée en France. — 115 Farines. — (10 *probl.*) 93

Commerce du bétail. — 116 Définition. — 117. Transports sur les voies ferrées. — 118. Vente sur pied aux grands marchés. — 119. Vente à la criée. — 120. Exportation du bétail. — 3 *tabl.*; 9 *probl.*)....................................... 96

Commerce du lait et du beurre. — 121. Lait. — 122. Beurre. — (3 *probl.*).. 99

Commerce des œufs. — 123. Vente des œufs à Paris. — (3 *probl.*). 100

Commerce des fromages. — 124. Fromages. — 125. Fromages frais. — (1 *tabl.*; 8 *probl.*)............................. 100

Commerce des vins et spiritueux. — *Vins.* — 126. Transports. — 127. Contenance des fûts. — 128. Taxes sur les vins. — 129. Droit de circulation. — 130. Droit d'entrée dans les villes. — 131. Droit d'octroi — 132. Droit de remplacement à Paris. — 133. Droit de détail et de taxe unique. — 134. Formalités relatives à la circulation des boissons. — *Alcools et eaux-de-vie.* — 135. Spiritueux. — (2 *tabl.*; 21 *probl.*)....................... 102

FIN.

Abbeville. — Imprimerie Briez, C. Paillart et Retaux.

AVANT-PROPOS.

Les instructions ministérielles prescrivent aux instituteurs d'enseigner l'agriculture aux jeunes habitants de la campagne, c'est-à-dire de leur apprendre tout ce qu'il importe le plus de savoir et de faire pour tirer le parti le plus avantageux possible du travail agricole et de toute espèce de propriété, de biens, ou de produits ruraux. La nécessité d'un pareil enseignement spécial, bien approprié aux besoins des élèves, est assez évidente, assez généralement appréciée pour que nous n'ayons pas besoin de la faire ressortir davantage ici; nous avons seulement à expliquer la part que nous avons voulu y prendre en rédigeant ce nouvel ouvrage.

Les lectures, les dictées, les problèmes ont été indiqués officiellement comme les meilleurs moyens d'initier les élèves aux principes les plus usuels d'agriculture, de leur donner les renseignements spéciaux les plus utiles. Ces prescriptions nous indiquaient notre tâche : *préparer et proposer des problèmes numériques d'agriculture pratique.* Nous avons entrepris cette œuvre avec le même zèle et la même conscience que les autres, mais aussi avec grand plaisir parce que nous avons pensé qu'elle pouvait être très-fructueuse. Rien de plus propre, en effet que des problèmes à résoudre, des calculs à effectuer, pour obliger les élèves à étudier avec soin les principes qu'ils auront à appliquer, à faire attention aux renseignements et aux notions utiles qu'on leur propose de mettre en œuvre ; rien de plus propre que des chiffres pour mettre en évidence le prix de revient, puis les résultats plus ou moins avantageux des diverses opérations agricoles. En outre, ces problèmes, comme ceux que nous avons proposés dans l'Arithmétique nº 3 et dans le Recueil annexe de 1771 exercices, habitueront de plus en plus les élèves à mettre dans leurs comptes, dans leurs affaires, dans toutes leurs opérations l'ordre et la régularité nécessaires, à tous pour réussir et prospérer.

Notre livre contient un très-grand nombre de tableaux de nombres usuels dans lesquels nous avons pris la plupart des matériaux de nos problèmes. En résolvant ceux-ci, les élèves se pénétreront de la signification et de l'utilité de ces nombres et apprendront à les employer.

Désireux d'être le plus utiles possible, nous avons en outre, en suivant toujours l'ordre du programme officiel, énoncé *très-succinctement* les principes agricoles les plus usuels, les notions pratiques essentielles, donné les renseignements et les conseils qui nous ont paru les plus utiles. Dans les écoles où l'enseignement agricole sera très-développé, ce petit ouvrage sera un résumé, un véritable memento des leçons orales du maître. Dans les autres il suffira, nous l'espérons, pour apprendre aux élèves ce que nul d'entre eux ne doit ignorer en fait d'agriculture, ce qui devait être gravé dans la mémoire de tous. Autrement dit, ce livre doit être, si nos intentions sont bien réalisées, un répertoire agricole simple et clair, *utile à l'école, à la maison et dans les champs.*

Voici d'ailleurs l'exposition synoptique de son contenu et de la marche que nous avons suivie.

Nous commençons par donner, comme base de l'enseignement rural, quelques notions de chimie agricole sur la composition de l'air, de l'eau, des plantes, des sols, etc. — Dans le chapitre II, nous étudions les divers amendements, les principaux engrais, et nous apprenons à en apprécier la valeur; puis nous abordons les travaux de culture, les améliorations du sol, le drainage, les irrigations, et les importantes opérations des semailles et des récoltes. Nous nous occupons ensuite des clôtures, des voies de communication, des divers modes de transports. Enfin nous nous étendons longuement sur l'utile question des constructions rurales. — Le chapitre III est particulièrement consacré aux végétaux de la culture française : céréales, légumes secs, plantes oléagineuses et textiles, plantes à produits divers, plantes fourragères, racines, etc. Nous consacrons quelques pages aux ennemis et aux amis de l'agriculture, c'est-à-dire aux plantes et aux insectes nuisibles, et aux animaux utiles. Nous terminons par les arbres fruitiers, industriels, forestiers, la manière de les exploiter, etc..... — Le chapitre IV concerne les animaux de la ferme ; nous nous appesantissons sur les soins à donner à cette branche si importante de l'exploitation rurale, et, en étudiant toutes les espèces domestiques, nous indiquons leurs rendements et le meilleur parti qu'on peut en tirer.— Le chapitre V se rapporte à l'économie rurale ; nous y traitions l'utile question des assolements. Cette partie comprendrait la comptabilité rurale si nous n'avions réservé ce sujet pour le traiter à part d'une manière plus étendue et dans un sens nouveau et véritablement pratique. — Enfin le chap. VI donne sur les légumes potagers de nombreux et utiles renseignements.

COMMERCE AGRICOLE. En nous bornant au programme officiel, qui a été notre guide, nous aurions dû nous arrêter là ; mais il ne suffit pas de savoir obtenir de beaux et abondants produits, il faut encore et surtout, savoir en tirer le meilleur parti possible : c'est pourquoi nous avons cru devoir ajouter un chapitre délaissé jusqu'ici, et cependant du plus grand intérêt pour le cultivateur. Sous le titre du *Commerce agricole*, nous nous sommes occupés du transport des denrées, du commerce des céréales, des bestiaux, des œufs, du lait, du beurre, des fromages, des vins et spiritueux.

Bref, dans 135 *numéros*, 70 *tableaux* et 350 *problèmes*, nous avons résumé les principaux sujets agricoles, donné les renseignements les plus utiles, indiqué les résultats les plus intéressants et cherché à rendre ce modeste ouvrage *aussi utile aux cultivateurs qu'aux élèves*. Puisse-t-il, en faisant mieux connaître l'agriculture aux habitants des campagnes, les attacher davantage à cette vie paisible des champs, laborieuse, il est vrai, mais certainement aujourd'hui la plus assurée et la plus indépendante de toutes.

Traité de comptabilité rurale. Encouragés par l'immense succès de l'arithmétique n° 3 et du recueil annexé de 1771 exercices, nous ferons suivre promptement ce Complément agricole de notre petit traité de comptabilité rurale rédigé avec le même soin, le même ordre et le même esprit pratique. Nous espérons que ces quatre volumes, *qui forment un ensemble complet bien commode pour les classes primaires du jour et du soir*, accueillis avec la même faveur par tous les instituteurs, seront jugés par eux assez utiles pour être recommandés non seulement à leurs élèves, mais encore aux familles.

COMPLÉMENT AGRICOLE

DE

L'ARITHMÉTIQUE N° 3

ET DU

RECUEIL ANNEXE D'EXERCICES USUELS.

---

§ I. VÉGÉTATION, TERRES.

1. COMPOSITION DE L'AIR ET DE L'EAU. L'air est un gaz indispensable à la vie des animaux et des plantes. Il est composé en poids de 0,23 d'*oxygène* et de 0,77 d'*azote*, et en volume de 0,21 d'oxygène et de 0,79 d'azote. Chaque litre pèse environ 1^{gr}, 3. L'air contient aussi, mais en petite quantité, de *l'acide carbonique*, de *l'ammoniaque*, etc.

L'eau n'est pas moins utile à la végétation et à la vie animale ; elle est formée d'*oxygène* et d'*hydrogène*, et l'air en contient toujours une certaine quantité sous forme de vapeur.

1. Quelle est la composition en volume, puis en poids de l'air contenu dans une chambre de 6^m,40 sur 5^m,40 et 2^m,80 ?

2. L'eau potable contient en dissolution les éléments gazeux de l'air ainsi qu'une petite quantité de substances minérales. On a trouvé que l'eau de pluie renferme en moyenne par litre, 1^{ms},5 d'acide nitrique ou azotique, 2^{ms} d'ammoniaque, 6^{ms} de sel, 3^{ms} de potasse et soude, 2^{ms} de chaux et magnésie. Trouver, en admettant qu'il tombe annuellement 0^m,80 de hauteur d'eau, la quantité de ces matières reçue chaque année par un Ha de terre?

2. RESPIRATION ANIMALE. Les animaux respirent l'*oxygène* de l'air et le rejettent ensuite sous forme d'*acide carbonique*, gaz tellement nuisible à la santé que l'air est insalubre quand il en contient 1/2 p. %. En 24 heures, un homme absorbe 800 litres d'oxygène, une tête de gros bétail 5 fois plus ; un Kg de charbon, en se consumant, transforme en acide carbonique l'oxygène de 11 mc d'air.

3. Quelle quantité d'air vicient complétement par heure un homme, 2 bœufs?

4. Combien de temps mettraient 4 vaches pour vicier l'air d'une écurie bien close de 11^m,20 de long, 3^m,30 de large et 3^m,40 de haut?

5. On peut renouveler l'air de l'écurie précédente par une porte de 2^m,15 sur 1^m,60 et une cheminée d'aérage. Pendant combien de temps devra-t-on laisser la porte ouverte pour faire évacuer l'air du local, si l'air extérieur entre avec une vitesse de 0^m,20 par seconde?

6. La quantité normale d'oxygène de l'air ne peut être diminuée de plus d'un quart dans un lieu quelconque sans que les êtres qui s'y trouvent soient incommodés. Quelle quantité d'air un homme doit-il avoir à respirer par 24 heures dans une chambre close pour n'y éprouver aucun malaise?

6 *bis.* Combien de temps pourraient passer sans malaise 40 personnes réunies dans une salle close de 6^m,25 de longueur, 5^m,40 de largeur, et 3^m,10 de hauteur.

3. COMPOSITION CHIMIQUE DES PLANTES. Les végétaux puisent leur nourriture dans l'air et dans la terre. Par leurs feuilles, ils absorbent le gaz acide carbonique, l'hydrogène, etc., que l'air et l'eau contiennent. Par leurs racines, ils vont chercher dans le sol les substances minérales fertilisantes dont ils ont besoin. Il est donc de la plus haute importance de connaître ce que les plantes enlèvent au sol, afin de savoir ce que l'on doit restituer à celui-ci pour lui conserver sa fertilité.

MATIÈRES PRINCIPALES ENLEVÉES EN MOYENNE AU SOL PAR 1000^{kg} DE PLANTES À LEUR ÉTAT ORDINAIRE DE DESSICCATION.

PLANTES.	Azote.	Ac. de l'acide phosphorique.	Silice.	Potasse et soude.	Chaux et magnésie.
Céréales.					
Blé, grain.	25	8	0,3	5,3	1,8
id. paille.	4	2,7	36	4	5,2
Seigle, gr.	20	11,4	»	7,2	3,6
id. p.	2,4	0,7	23,8	3	2,9
Orge, gr.	21	0,5	5	4,1	2
id. p.	3	1	33,4	5	6,1
Avoine, gr.	18	10,7	10,8	7	5
id. p.	3,3	1,6	30,3	13,1	7,5
Maïs, gr.	20	4,7	0,1	3,2	1,8
id. p.	10	6,8	19,8	15,2	6
Sarrasin, gr.	20	12,1	7,6	5	4,3
id. p.	4,8	2,9	1,3	4	20

PLANTES.	Azote.	Acide phosphorique.	Silice.	Potasse et soude.	Chaux.
Tubercules, racines.					
Topinamb.	3,5	1,3	1,6	5,3	0,3
P. de terre.	4,5	1,1	0,5	5,	0,2
Betteraves.	2	0,6	0,8	3,9	0,8
Navets.	2,1	0,4	0,4	2,2	0,6
Fourrages, légumineuses.					
Trèf. rouge.	» (*)	3,8	3,2	16	15
Luzerne.	»	8,6	2,2	12,7	32
Sainfoin.	»	5,7	0,7	18	11
Vesces.	»	4,2	3,0	15,0	14
Pois.	20	3,2	5,2	6,2	21
Feves.	25	8,5	3	27	10
Colza.	11	11,5	3	16	18

3. Quelles sont les 9 plantes qui contiennent le plus d'azote, d'acide phosphorique, de silice, de potasse et soude, de chaux et magnésie?

4. COMPOSITION ET CLASSIFICATION DES SOLS. Le *sol arable*, ou la couche de terre dans laquelle les végétaux trouvent la nourriture propre à leur croissance, se compose de trois substances principales : *l'argile* ou terre glaise, la *silice* ou sable pur, et le *carbonate de chaux*, matière dont on pourrait extraire la chaux. Une terre est dite *argileuse*, ou *siliceuse*, ou *calcaire*, suivant que l'une ou l'autre de ces trois substances y est dominante.

Outre ces éléments, les terres contiennent aussi : 1° de *l'humus*, sorte de terreau, qui active la végétation et divise la

---

(*) Nous nous sommes abstenu d'indiquer la composition en azote des quatre premiers fourrages parce que l'on admet généralement qu'ils empruntent ce gaz à l'atmosphère.

terre ; 2° du *phosphate de chaux*, matière analogue à celle des os des animaux, très-utile pour la formation du grain ; 3° de la *potasse* et de la *soude*, que les tubercules et les plantes-fourragères absorbent en grande quantité ; 4° de la *magnésie*, substance blanche souvent unie à la chaux ; 5° enfin de l'*azote* et de l'*ammoniaque* (azote et hydrogène), gaz qui se trouvent dans les plantes les plus nourrissantes et les meilleurs engrais (*).

COMPOSITION DES PRINCIPAUX SOLS.

TERRES.	QUANTITÉS P. 0/0.			PLANTES qui y croissent naturellement.	PLANTES QU'ON Y cultive avec succès.
	Calcaire.	Silice.	argile.		
Normale. . .	40	40	10	p. chardon, laitron, mouron.	Toutes les plantes.
Argileuse. .	50 à 80	«	10	Grand pétasite.	Pois gris.
Siliceuse. . .	«	55 à 80	«	Chiendent, avoine à ch.	Pins.
Calcaire. . .	10 à 20	«	50 à 60	Trèfle, lotier, lupuline.	Blé, légumes, fourrages.
Argilo-calc.	1 à 10	«	10 à 50	»	Gaude.
Glaiseuse. . .	46 à 50	10 à 55	«	Fougère, oseille rouge.	Blé, trèfle, fèves.
Crayeuse. . .	1 à 10	«	60 à 80	Rave sauvage.	Luzerne, sainfoin.

7 *bis*. La terre normale pèse 1260^{Kg} le *mc* ; les terres argileuses et glaiseuses 1560^{Kg} ; les terres siliceuses et argilo-calcaires 1600^{Kg} ; les terres crayeuses et calcaires 1650^{Kg}. Quelle est en Kg la composition d'un Ha de chacun des sols précédents, pour une couche de terre de 0^{m},25 de profondeur ? (Faites un tableau correspondant au précédent.)

5. Analyse chimique de quelques sols. *Humus.* Pour

(*) Principaux acides ; combinaisons. L'acide *phosphorique* (oxygène et phosphore), en se combinant avec la chaux et la potasse, donne les *phosphates* de chaux et de potasse. L'acide *sulfurique*, huile de vitriol (oxygène et soufre) donne les *sulfates* de chaux (ou plâtre) et de potasse. L'acide *carbonique* (oxygène et carbone) donne les *carbonates* de chaux (ou calcaire) et de potasse. L'acide *azotique* ou *nitrique* (oxygène et azote) donne les *azotates* ou *nitrates* de chaux et de potasse (ou salpêtre).

constater si une terre contient de l'humus, on fait bouillir pendant une demi-heure 20$^{gr.}$ de cette terre dans une dissolution de potasse, on filtre ensuite : la liqueur obtenue sera d'autant plus brune que le sol renfermera plus de matières organiques.

Ammoniaque (gaz dont chaque gramme contient 0$^{gr.}$,8 d'azote). La présence de ce gaz dans la terre est facile à constater ; il suffit de faire bouillir 15 à 20^{gr} de celle-ci avec une lessive de potasse ou avec un lait de chaux, dans une petite fiole à col étroit. Si la terre contient de l'ammoniaque, elle ramènera aussitôt au bleu une bande de papier teinte de tournesol rougi, qu'on plongera dans la fiole.

Carbonate de chaux (acide carbonique et chaux). Pour évaluer la quantité de carbonate de chaux d'un sol, on verse peu à peu dans un vase, sur environ 100$^{gr.}$ de cette terre bien desséchée, du fort vinaigre, jusqu'à ce que l'on voie cesser l'espèce de bouillonnement qui se produit. On passe le mélange sur un filtre, et on lave le résidu jusqu'à ce qu'il donne une eau *parfaitement claire*. On pèse ce résidu bien séché : le poids disparu est celui du carbonate de chaux.

Sel. Lorsque le sol renferme 2 p. % de sel marin, il devient stérile ou ne produit plus que quelques plantes inutiles. On constate la présence du sel dans le sol en lessivant avec de l'eau bien pure un poids connu de cette terre et en versant dans l'eau qui en provient, après l'avoir filtrée et acidifiée avec un peu d'*eau forte*, quelques gouttes d'une dissolution de nitrate d'argent (pierre infernale). Si la terre contient du sel, le liquide se trouble ; quand on le fait bouillir, il s'éclaircit, et il se forme au fond du vase un dépôt dont chaque gramme équivaut à 0$^{gr.}$,4 de sel marin.

---

9. Les bonnes terres à blé contiennent de 4 à 8 p. 0/0 d'humus ; celles à orge, de 2 à 3 p. 0/0. Combien de en Kg doit en posséder un are de

bonne terre à blé, trois ares de terre à seigle, la couche du sol arable ayant 0m,18 de profondeur, et le litre de terre pesant 1Kg,54?

9. Calculer le poids de carbonate de chaux contenu dans un terrain de 12 ares labouré à la profondeur de 0m,22, sachant qu'en soumettant à l'analyse 16gs de cette terre, on a trouvé 124gs de dépôt?

10. *Sel.* On traite 500g de terre, et on obtient 6gr,5 de dépôt; quelle est la proportion du sel marin renfermé dans le sol?

§ II. OPÉRATIONS PRINCIPALES DE L'AGRICULTURE.

AMENDEMENTS ET ENGRAIS.

6. AMENDEMENTS. Les engrais *minéraux* ou *amendements* sont des substances destinées à améliorer le sol en modifiant avantageusement sa composition, et à fournir aux plantes les principes utiles à leur croissance. Quelques-uns, comme le plâtre, la chaux, les cendres, activent la végétation; on les nomme *stimulants.*

PRINCIPAUX AMENDEMENTS.

AMENDEMENTS.	DOSAGE DE 100Kg.			Poids de l'Hl.	Prix de l'Hl.	Quantité ann. moy. répandue à l'Hla.	Emploi.
	carb. de chaux.	argile.	silice.				
Chaux grasse..	70 à 90	»	»	Kg 75	f 1,50	5Hl	Terres argileuses.
Marne. { calcaire	50 à 95	»	»				»
Marne. { argileuse	30 à 50	50 à 60	»	150	0,20	»	
Marne. { siliceuse.	20 à 50	»	25 à 75				
Plâtre en poudre... .	30	»	»	125	1,75	3Hl	Fourrages.
Cendres lessivées... .	45	»	14	70	1,50	5Hl	Prairies, trèfle.

11. Combien faut-il de Kg de chacun de ces engrais pour fournir la chaux (carbonate) et la silice dont 1000Kg de pailles et 1000Kg de grains de céréales ont besoin?

12. Combien de Dl de chaux absorbe la récolte de 10000Kg de trèfle, de luzerne, de sainfoin?

13. Le *falun* s'emploie comme amendement dans certains pays; il dose environ 70 p. 0/0 de carbonate de chaux et 20 p. 0/0 de silice. En employant à l' Ha, tous les 10 ans, 20 mc de 1200Kg, quelle quantité de substances minérales incorpore-t-on en moyenne dans le sol par an?

Choix des marnes. La meilleure marne est celle qui se délite le plus facilement et laisse le moins de *rognons* quand on la fait dissoudre dans l'eau.

14. On a le choix entre deux marnes argileuses; la 1re, vendue 2f,25 le *mc*, a donné 130s de rognons sur 500s qu'on a fait dissoudre; la 2e vendue 1f,85 le *mc* laisse 620s de rognons sur 800s. Combien chacune contient-elle p. 0/0 de rognons? Quelle est la moins chère des deux?

Utilité du calcaire. Les sols dépourvus de calcaire abondent en fougères, bruyère, oseille rouge, mousse, etc., que la chaux fait promptement disparaître. Le chiendent, l'avoine à chapelet, les petites graminées, fléaux des sols siliceux, disparaissent quand on emploie la chaux et font place au petit trèfle. En général, une bonne terre doit contenir au moins 2 $\frac{1}{2}$ p. $^0/_0$ de calcaire.

15. Le marnage et le chaulage n'ont pas lieu chaque année; ils se font à des intervalles plus ou moins éloignés et on en règle la force d'après les besoins du sol et le dosage de l'amendement. Combien de Kg de chaux grasse ou de marne calcaire doit-on mettre dans 1Ha de terre dépourvue de carbonate de chaux pour que la couche de terre, labourée à 0m,23 de profondeur, en renferme la quantité minimum voulue, chaque litre de cette terre pesant 1Kg,580 ?

7. ENGRAIS. Les engrais animaux et végétaux sont indispensables au cultivateur; sans eux point de belles récoltes; en les employant, au contraire, on augmente considérablement les produits du sol. Le cultivateur doit donc s'attacher à produire le plus possible d'engrais et en avoir le plus grand soin.

L'engrais le meilleur et le plus employé est le *fumier*, c'est-à-dire la litière des animaux imprégnée de leurs excréments. Généralement on réunit les fumiers des divers animaux en un seul tas ; il faut avoir grand soin d'arroser les tas pendant les chaleurs avec le *purin* ou jus des écuries.

PRINCIPAUX FUMIERS.

PROVENANCE.	POIDS du *mc.* frais.	NATURE.	EMPLOI PRINCIPAL	
			sur les sols.	sur les plantes.
Cheval.	400kg	Chaud et actif.	Argileux et froids.	Toutes les plantes.
Bêtes à cornes..	600	Gras, moins ch.	Sablonn. et légers.	id.
Mouton.	500	· Très-actif.	Argileux.	Colza, chanvre, chou.

16. On emploie ordinairement comme litière les pailles des céréales; quelles sont celles qui contiennent le plus d'azote? (Voy. le tableau du n° I.)

17. Le fumier diminue beaucoup de volume par la fermentation en plein air. On a constaté que 100^{mc} de fumier frais se réduisent à 74^{mc} en 3 mois, à 64^{mc} en 8 mois, à 47^{mc} en 13 mois. Un cheval donnant journellement en moyenne 55^{Kg}, une bête à cornes 30^{Kg} de fumier, à quel volume se réduit, au bout des trois époques précitées, le fumier produit en un mois par 10 de ces animaux ?

18. L'ammoniaque (alcali volatil) se dégage sans cesse du fumier. Pour conserver à l'agriculture, en le fixant, ce précieux gaz qui contient l'azote à son état assimilable, on arrose le fumier avec une dissolution de couperose verte (sulfate de fer), ou on le saupoudre de plâtre tamisé. 5^{Kg} de couperose verte ou 25^{Kg} de plâtre mélangés à 2000^{Kg} de fumier en augmentent la qualité de moitié. Que faut-il employer pour sulfater ou plâtrer 18^{mc} de fumier de cheval, 25^{mc} de fumier de bêtes à cornes ?

19. Quelle est pour l'agriculture la valeur d'un tas de fumier sulfaté de 4^m,25 sur 3^m,40 et 1^m,20, estimé 4^f,25 le *mc* avant le sulfatage?

20. Quand le fumier est destiné à des terres argileuses, l'emploi du plâtre est préférable à celui de la couperose. Le fumier plâtré employé pour le blé, en augmente, dit-on, le rendement de 1/3, et le trèfle semé après cette récolte devient magnifique. Quelle augmentation de prix peut-on espérer d'un champ de 27 ares donnant à l'Ha, avant le plâtrage, 18^{Hl} de grains à 22^f et 2800^{Kg} de paille à 4^f les 100^{Kg}, si on se sert de fumier plâtré ?

8. Excréments des animaux et de l'homme (*Dosage de 100^Kg^*).

MATIÈRES.	CHEVAL.			BOEUF.			MOUTON.			PORC.			HOMMES.		
	Urine.	Fèces.	Excrém^ts^ mixtes.	Urine.	Fèces.	Excrém^ts^ mixtes.	Urine.	Fèces.	Excrém^ts^ mixtes.	Urine.	Fèces.	Excrém^ts^ mixtes.	Urine.	Fèces.	Excrém^ts^ mixtes.
Eau.....	91	75	75	92	86	84	86	58	67	98	84	94	93	73	91
Azote....	1,48	0,55	0,70	0,96	0,32	0,41	1,31	0,72	0,91	0,23	0,70	0,37	1,45	0,40	1,33
Acide phosphorique .	»	0,30	0,28	»	0,10	0,09	»	0,64	0,30	0,04	0,61	0,21	0,26	0,22	0,26

21. Classez les urines, puis les fèces (excréments solides), enfin les excréments mixtes, selon leur richesse en azote, en acide phosphorique ?

22. Une vache fournit environ par an, 3000^Kg^ d'urine, un cheval 1200^Kg^, un homme 400^Kg^. Si on recueille cette urine, quelle quantité d'azote et d'acide phosphorique a-t-on par an ; à combien de Kg de grains de céréales cette urine annuelle peut-elle fournir l'azote nécessaire ?

23. *Engrais humain.* Les déjections humaines donnent un engrais d'une très-grande puissance : chaque personne rend en moyenne 1380^g^ d'excréments mixtes (liquide et solide). Trouver, en admettant que 250^Kg^ de fumier contenant 0,6 p. 0/0 d'azote suffisent pour fumer un are, l'étendue de terre que peut fumer un homme par an, quelle étendue fumeraient les 36 millions d'habitants de la France ?

24. Dans une ferme bien tenue, le cultivateur doit exiger que tout son personnel, quand il n'est pas aux champs, dépose ses ordures dans le même lieu. Pour enlever toute mauvaise odeur et fixer le gaz ammoniaque qui se dégage des matières, on répand chaque semaine, par personne, environ 1/2 *l.* d'une dissolution composée de 5^Kg^ de couperose verte à 0^f^,20 le Kg, délayés dans 1^DI^ d'eau. Quelle dépense nécessite par an la désinfection des excréments dans une ferme de 8 personnes ? A combien reviennent ainsi 1000^Kg^ d'un si utile engrais ? (Du poussier ou des débris de charbon jetés de temps à autre dans la fosse rempliraient le même but.)

9. TABLEAU DES PRINCIPAUX ENGRAIS (*Dosage par 100ᵏᵍ à l'état ordinaire.*)

ENGRAIS.	DOSAGE DE 100ᵏᵍ.			POIDS du mc.	QUANTITÉ moyenne employée à l'Ha.	PRIX de 100Kg.
	Eau.	Azote.	Acide phosph.			
Fumier fermenté.. .	66,7	0,6	0,5	750Kg	25000Kg	1ᶠ
Guano du Pérou.. .	15	14,8	19	950	300Kg	35
Poudrette.	41	1,55	2	680	20Hl	5
Colombine.	10	8,30	11,80	420	2000Kg	12
Noir animal, ...	48	1,05	14,50	850	8Hl	14
Sang sec..	21	12,8	1,32	1150	600Kg	6
Chair animale. . . .	8	13	0,21	»	»	16
Tourteau de colza..	11	4,90	3,00	»	7 à 1500Kg	12

25. L'azote est généralement considéré comme la matière la plus importante des engrais. On prend le fumier pour terme de comparaison ; combien faut-il de chacun des engrais précédents pour contenir autant d'azote que 100ᵏᵍ de fumier? (Faites un tableau de ces équivalents.)

26. Combien d'Hl de guano du Pérou, de poudrette, de colombine faut-il donner à la terre pour contenir l'acide phosphorique nécessaire à 1000ᵏᵍ des fourrages et des légumineuses du tableau du n° 3 ?

27. Que coûte la fumure d'un Ha avec chacun des six premiers engrais? Quelle quantité de matières fertilisantes incorpore-t-on ainsi à la terre?

28. On veut composer avec le guano et la poudrette 500ᵏᵍ d'engrais devant renfermer 8 p. 0/0 d'azote ; que coûtent les 100ᵏᵍ? Quel sera le dosage en acide phosphorique?

29. A quel prix revient l'Hl de poudrette, de colombine, de noir animal, de tourteau, de sang desséché?

30. Le phosphate de chaux (acide phosphorique et chaux) entre dans la composition de toutes les plantes; il en est l'élément essentiel. Cet engrais, quand il est de bonne qualité, doit contenir, à *l'état sec*, environ 60 p. 0/0 de phosphate pur et 2 à 3 p. 0/0 d'azote ; il vaut 16ᶠ les 100ᵏᵍ à l'état ordinaire et se sème à la dose d'environ 300ᵏᵍ à l'Ha. Si, à l'état ordinaire, il renferme 25 p. 0/0 d'eau, quel est alors en réalité le dosage des 300ᵏᵍ?

10. EMPLOI DU GUANO. Le guano agit promptement sur les

plantes et dure peu dans la terre. Pour en rendre l'action plus lente, on le mélange avec la moitié de son poids de plâtre ou de sel, ou 1/3 de son poids de charbon en poudre. Il faut le répandre par un temps humide.

Le guano sert surtout au développement des feuilles et des grains ; mais il ne contient pas la silice dont les tiges des céréales ont besoin : aussi les blés fumés fortement avec cet engrais seul versent souvent.

31. Combien doit-on ajouter de Kg de fumier à 200^{Kg} de guano pour fournir la silice nécessaire à la récolte de 2000^{Kg} de grain et de 4500^{Kg} de paille de froment, le fumier employé contenant 3,6 p. 0/0 de cette substance ?

11. NOIR ANIMAL. Cet engrais s'emploie sur les terres pauvres et convient à peu près à toutes les plantes épuisantes ; il ne produit aucun effet après le chaulage. On distingue deux principales variétés de noirs dont voici le dosage quand ils sont purs et parfaitement secs :

PROVENANCE.	AZOTE.	PHOSPHATE de chaux.	CARBONATE de chaux.
Noir de Nantes.	3 p. 0/0	55 p. 0/0	5 p. 0/0
Noir de Russie et d'Amérique. .	1 p. 0/0	75 p. 0/0	9 p. 0/0

Le premier, qui contient le plus d'azote, convient spécialement au sarrasin ; le second, qui renferme le plus de phosphate, est préférable pour les terres nouvellement défrichées.

32. Le bon noir du commerce pèse 85 ^{Kg} l'Hl et ne doit contenir que 30 p. 0/0 d'eau ; quel est dans cet état le dosage réel de l'Hl de chacun des noirs du tableau du n° 11 ?

33. La suie répandue sur les jeunes récoltes leur donne une belle verdure et les préserve, dit-on, des attaques des insectes ; celle qui provient du bois contient 1,33 p. 0/0 d'azote ; celle du charbon de terre 1,66 p. 0/0 ; celle de la tourbe, 0,5 p. 0/0 ; elle pèse environ 40^{Kg} l'Hl. Si on emploie la 1re à la dose de 25^{lll} à $2^{f},50$ l'Hl, quelle quantité doit-on mettre proportionnellement des deux autres, et quel prix doit-on les payer relativement à leur richesse en azote ?

ACHAT DES ENGRAIS.

12. Bureau de vérification. Il se fait beaucoup de fraudes sur les engrais commerciaux ; il est donc de la plus haute importance pour le cultivateur de ne *jamais* en acheter que sur facture garantissant leur dosage, afin de ne pas s'exposer à perdre son argent et surtout à *compromettre le succès de ses récoltes*. Dans l'intérêt de l'agriculture, il existe à peu près dans tous les départements un bureau de vérification où, moyennant une légère somme (quelquefois gratuitement), on vérifie la qualité d'un engrais quelconque. Les cultivateurs jaloux de leurs véritables intérêts devraient *toujours* recourir à une garantie aussi précieuse.

34. *Analyse*. Le dosage des engrais commerciaux est basé sur 100^{Kg} de matières sèches, tandis que le dosage indiqué au tableau du n° 9 est fait sur le même poids de substances dans leur état ordinaire c'est-à-dire renfermant 25 p. % d'eau. Déterminer le dosage à l'état sec des engrais de ce tableau ?

13. Valeur d'un engrais. L'azote et le phosphate de chaux, avons-nous dit, sont les substances les plus utiles aux plantes, et les meilleurs engrais sont ceux qui en contiennent le plus. Il faut, en outre, que les matières fertilisantes soient *assimilables*, c'est-à-dire puissent facilement être absorbées par les racines. Dans un engrais commercial, on estime généralement l'azote 2 fr. le kilogr. ; l'acide phosphorique $0^{f},40$; les matières organiques $0^{f},02$; les sels alcalins $0^{f},05$.

35. Un cultivateur achète 28^{f} les 100^{Kg} et à crédit, sous le nom de *guano*, un engrais ainsi dosé :

Matières org. azotées.	50,30	Sulfate de chaux (*plâtre*)	6,30
Résidus insolubles. .	20,15	Chaux hydratée (*chaux éteinte*).	4,75
Eau..	10,00	Total. . . .	100,00
Phosphate de chaux.	8,50		
		Azote des matières organiques. .	1,40

Quelle est la valeur réelle de cet engrais : le phosphate de chaux contenant 0,5 d'acide phosphorique, et les sels alcalins comprenant le sulfate de chaux et la chaux hydratée?

14. FRAUDES. Certains spéculateurs exposent leurs engrais, le guano et le noir animal surtout, à l'action de l'humidité qui en augmente le poids, et, comme l'analyse des engrais n'a lieu qu'après leur dessiccation complète , ces matières peuvent être en réalité de qualité inférieure malgré leur fort dosage à l'état sec.

36. Deux marchands ont du guano des îles Baker dosant 85 p. 0/0 de phosphate et 1,2 p. 0/0 d'azote. Le 1ᵉʳ vend 24ᶠ les 100ᴷᵍ, son guano qui contient 3 p. 0/0 d'eau ; le 2ᵉ veut vendre 21ᶠ le sien qui en contient 14 p. 0/0. Quel est le moins cher?

15. DIFFÉRENTES SORTES DE GUANOS. Le guano, quoique pur et véritable, varie en qualité selon sa provenance. Voici l'analyse de quelques-uns des guanos qu'on trouve dans le commerce :

LIEU DE PROVENANCE.	EAU.	DOSAGE A L'ÉTAT SEC.	
		azote.	phosphate.
Pérou..	15	14,8	25
Bolivie..	28	10,8	30
Patagonie.	25	2,1	42
Saldanha..	17	1,4	53
Ichaboé.	27	6,2	29
Ile Baker..	3	1,2	85
Ile Jarvis.	12	0,6	34

37. Quelle est d'après le n° 13 la valeur commerciale de chacun de ces engrais sous le rapport de l'azote et du phosphate : ce dernier contenant 0,5 d'acide phosphorique?

35. Quand le guano n'a point été exposé à l'humidité, il doit peser savoir : celui du Pérou et de Bolivie 93^{Kg} l'Hl, celui d'Ichaboé 80^{Kg}; celui du Chili 110^{Kg}; celui de Puerto-Cabello 87^{Kg} ; celui de l'île de la Possession 103^{Kg}; quel doit être le poids d'un sac de chacun de ces engrais mesurant 0^m,85 de hauteur et 1^m,40 de circonférence?

COMPOSTS; ENGRAIS VERTS.

16. COMPOSTS. Le cultivateur intelligent et soigneux doit tirer parti de tout. Avec les feuilles des arbres, les végétaux inutiles, les débris des animaux, etc., il peut composer des engrais très-efficaces. Un des composts les plus vantés est celui de Jauffret; on le fait comme il suit :

Dans 1me d'eau, on délaye 200^{Kg} de plâtre en poudre, 200^{Kg} de matières fécales, 50^{Kg} de suie, 30^{Kg} de chaux vive, 10^{Kg} de cendre, 0^{Kg},500 de sel et 0^{Kg},300 de salpêtre. Avec cette lessive, on peut convertir en engrais 1000^{Kg} de plantes inutiles qui représenteront 4000^{Kg} de fumier. Pour cela, après avoir trempé ces plantes dans la lessive, on en fait un tas bien couvert de terre; on les arrose ainsi réunies le 5e, le 7e et le 9e jour, et, au bout de 12 jours, l'engrais est fait.

36. Il manque à un cultivateur 67500^{Kg} de fumier pour achever ses emblavures; mais il a des ajoncs en abondance à sa disposition. Combien lui en faudra-t-il employer, et quelle sera la composition de sa lessive?

17. ENGRAIS VERTS. On appelle ainsi les récoltes que l'on enfouit en terre pendant leur floraison. Elles fournissent au sol, non-seulement ce qu'elles y ont emprunté, mais encore les gaz qu'elles ont tirés de l'atmosphère. Les principaux engrais verts sont, avec le colza, les suivants dont nous donnons le dosage par 100^{Kg} secs.

RÉCOLTES.	PRODUIT SEC moyen de l'Ha.	AZOTE p. 0/0.	ÉPOQUES DE	
			l'ensem^t.	l'enfouiss^t.
Lupin blanc.....	5500kg	1,87	septembre.	juin p. blé.
Sarrasin........	2500	2,72	juillet.	octobre.
Vesce.........	3000	2,16	juillet.	octobre.
Féveroles.....	3000	2,63	septembre.	avril.
Trèfle (racines)...	1500	0,8	»	»

40. Trouver la quantité de fumier ordinaire qui contiendrait autant d'azote que l'Ha des engrais verts précédents; quelle valeur représentent ces engrais?

41. Le *varech* ou *goémon*, variété d'herbes que la mer rejette, est employé sur les côtes de Normandie et de Bretagne comme engrais vert pour les céréales et pour les choux. Desséché à l'air, il contient environ 1 p. 0/0 d'azote et se vend à l'état vert sur le quai de Morlaix 4^f le mc à peu près. Trouver, en admettant que le varech perd 1/2 de son volume par la dessiccation et qu'il pèse alors autant que le fumier, le prix de revient de la quantité de cet engrais qui contient le même poids d'azote qu'un mc de fumier ordinaire?

42. Séchés à l'air, le buis contient environ 3,60 p. 0/0 d'azote, les genêts 1,22, les bruyères 1,74. On a ramassé et mis ensemble 1500kg de genêts, 120°kg de bruyères, et 500kg de buis secs; quel est le dosage en azote de 1000kg de cet engrais; combien de mc de fumier représente-t-il sous le rapport de l'azote?

CULTURE ET AMÉLIORATION DU SOL.

13. Labours. Labourer la terre, c'est la diviser et la retourner au moyen d'une charrue traînée par des animaux. La profondeur du labour varie selon l'épaisseur de la couche arable, la quantité d'engrais à employer, et la longueur des racines des plantes qu'on doit cultiver.

On laboure *à plat* quand on renverse les bandes toujours du même côté; on laboure par *billons* quand on laisse de distance en distance des sillons entre lesquels on élève la terre.

La quantité de labour faite par jour varie selon les saisons, la force des attelages, la profondeur du labour, et les instruments employés. Néanmoins, d'après M. G. Heuzé, on admet qu'un attelage de force ordinaire laboure en moyenne par jour les surfaces ci-après :

GENRE DE LABOUR.	SURFACE AVEC		GENRE DE LABOUR.	SURFACE AVEC	
	chevaux.	bœufs.		chevaux.	bœufs.
Labour à plat { sol argil*.	40ª	25ª	1er labour de jachère.	30ª	25ª
Labour à plat { sol ordin**.	50	33	2e *id.* au printemps.	40	33
Labour à plat { sol léger. .	60	40	3e *id.*	50	40
Labour en billons.	65	50	Labour de semailles.	43	35

43. Cherchez le prix de l'Ha de ces divers travaux quand un attelage de 2 chevaux coûte, conducteur compris, 8ᶠ par jour, et un attelage de 2 bœufs 6ᶠ?

44. Dans les labours ordinaires, le pas d'un bœuf au joug est de 0ᵐ,55 par seconde, celui d'un bœuf au collier de 0ᵐ,70, celui des chevaux et des mulets de 0ᵐ,75, celui des ânes de 0ᵐ,40, et la largeur du labour de 0ᵐ,20 ou 0ᵐ,25 ou 0ᵐ,30. Les attelages perdant environ 2/10 du temps en arrêts accidentels, faites un tableau indiquant pour les trois largeurs précédentes et pour les vitesses indiquées ci-dessus, le temps nécessaire pour labourer un Ha?

19. AUTRES TRAVAUX DE CULTURE. Quand la terre est labourée, on herse pour briser les mottes, unir la surface, ou enterrer la semence. Souvent, après avoir hersé, on tasse la terre et on écrase les plus grosses mottes en faisant passer dessus un *rouleau* de bois, de pierre, même de fonte ; on roule aussi les blés après un hiver rigoureux. Au printemps on ameublit de nouveau la terre et on détruit les mauvaises herbes au moyen de la *binette*, ou de la *houe à cheval* dans les plantes semées en lignes. On *butte* aussi les tubercules avec une charrue qui relève la terre contre chaque rangée de plantes. Enfin on sarcle à la main pour extirper le plus possible les herbes nuisibles.

PRIX DE REVIENT DES TRAVAUX DE RÉCOLTES ORDINAIRES, DANS UN PAYS OU LES OUVRIERS GAGNENT EN MOYENNE 2^{fr} PAR JOURNÉE DE 12 HEURES.

CULTURES.	PRIX de l'Ha.	TRAVAUX DIVERS.	PRIX.
	fr.		fr.
Céréales, échardonner.	2	Béchage au louchet, l'Ha. . . .	00
Maïs, choux, biner, couper . . .	30	Béchage au pic, l'Ha.	40
Pommes de terre, planter. . . .	15	Défoncement à $0^m.50$, le *mc.*. .	0,40
Id. biner, butter.	24	Creuser, niveler, charger, le *mc.*	0,45
Betteraves, éclaircir.	7	Chargem. de terre remuée, le *mc.*	0,20
Id. biner.	25	Ouverture de fossés, le *mc* . . .	0,35
Carottes, biner..	25	Nettoyage de fossés, le *m*. . . .	0,07
Haricots, semer	12,50	Arrachage de haies, le *m*. . . .	0,12
Haricots, fèves, biner.	24	Epand. de terre et déc. le *mc*. .	0,08
Colza, biner.	30	Epand. de tuf, de marne, l'Ha.	6,00
Id. écimer.	4,50	Semis de chaux, de plâtre, l'Ha.	3.50
Prés, bêcher, niveler, semer. . .	65	Semis d'engrais en poudre, l'Ha.	1,75
Vigne, chaque façon.	18	Cassage et pass. du guano, le *mc.*	2,00

45. Faites un tableau indiquant, d'après le prix de revient, le temps nécessaire pour faire chacun des travaux précédents?

46. Si le prix moyen de la journée était de $2^f,50$, que coûteraient les travaux ci-dessus?

47. Un ouvrier a biné un terrain de 128^m sur 95^m contenant 1/3 en fèves et 2/3 en betteraves; combien de temps a-t-il dû mettre pour faire le travail entier; que lui est-il dû en tout?

48. On estime à 20^f par Ha, le transport et l'épandage de la marne quand la distance ne dépasse pas 500^m et l'on compte $0^f,10$ par Km en plus et par Hl. Que coûte le marnage d'une terre de 45^a située à 4500^m de la marnière, si on a employé 11mc de marne?

20. DRAINAGE. Le drainage facilite l'écoulement des eaux surabondantes. Ces eaux en filtrant à travers la terre pour arriver au drain, la fendillent en tous sens, ce qui augmente la quantité d'air du sol et par suite sa richesse en acide carbonique (*Voy*. l'ex. 1598 du Recueil pour l'utilité de ce travail).

POIDS, DIMENSIONS, PRIX DES TUYAUX ORDINAIREMENT EMPLOYÉS.

NUMÉROS.	DIMENSIONS			POIDS du tuyau.		PRIX du mille.	
	Diamètre.	Epaisseur.	Longueur.				
	mm.	mm.	m.	Kg	Kg	f	f
1	25	7	0,30	0,4	à 0,5	15	à 18
2	30	7,5	0,33	0,5	à 0,6	18	à 21
3	35	9	0,33	0,6	à 0,7	22	à 28
4	40	10	0,36	0,7	à 0,8	25	à 30
5	45	12	0,36	0,8	à 0,95	30	à 35
6	50	12,5	0,38	1	»	35	à 40
7	60	14	0,38	1,1	à 1,2	45	à 52
8	70	16	0,38	1,4	à 1,5	52	à 60

49. Le déchet étant de 6 p. 0/0, combien faut-il de tuyaux par Hm ? Quel en sera le prix moyen ?

50. Quel volume d'eau peuvent contenir 200 ^{m} de chaque sorte de tuyaux ?

51. Combien un charretier chargeant ordinairement à 2500^{Kg} pourrait-il transporter de cents de tuyaux de chaque espèce, et de combien sera augmenté le prix des tuyaux s'il prend 8^f des 1000^{Kg} pour le transport à 12^{Km} ?

21. DIMENSIONS DES TRANCHÉES. Les tranchées à ouvrir pour placer les tuyaux doivent être réduites le plus possible ; on admet les dimensions suivantes dans un terrain de consistance moyenne :

Profondeur	1^m,50 ;	1^m,25 ;	1^m,20 ;	1^m,00 ;	0^m,90.
Largeur en haut	0 ,60 ;	0 ,50 ;	0 ,45 ;	0 ,40 ;	0 ,36.
Largeur en bas	0 ,15 ;	0 ,15 ;	0 ,08 ;	0 ,08 ;	0 ,07.

52. Quel est le volume de terre enlevé par m linéaire pour chaque tranchée ? Que coûte le travail à 0^f,50 le mc de terre remuée ?

22. EXÉCUTION DU DRAINAGE. Ordinairement le drainage

s'exécute par des brigades de 3 ou de 5 hommes dont chacun fait un ouvrage particulier, ce qui permet d'aller plus vite.

Le premier atelier (de 5 h.) peut faire dans un sol ordinaire 60 mètres linéaires de tranchées de 1ᵐ,30 de profondeur et de 0ᵐ,15 et 0ᵐ,08 de largeur ; dans une argile très-tenace, 24ᵐ ; dans une argile mêlée de pierres, 18ᵐ ; dans un tuf, 12ᵐ.

53. Combien doit-on payer le m. linéaire pour que dans chaque cas la journée d'un terrassier revienne à 4ᶠ,75 ?

La profondeur du drainage varie suivant la nature du sol et son degré d'humidité. Voici, d'après M. Grandvoinet, la distance à mettre entre les lignes de drains par rapport à la profondeur :

	m	m	m	m	m	m	m	m
Profondeurs	0,9;	1,00;	1,10;	1,20;	1,30;	1,40;	1,50;	1,60.
Espacements	8,5;	10 ;	12 ;	14 ;	17 ;	21 ;	25 ;	29.

54. Indiquez pour chacun de ces espacements la longueur moyenne de tranchées que l'on pourrait faire dans un champ de 216ᵐ sur 178ᵐ, en disposant les drains dans le sens de la longueur du terrain ?

55. Après avoir fait les études préliminaires pour drainer une terre, on reconnaît qu'il faut 612ᵐ,50 de collecteurs (tuyaux nᵒ 8) ; 1217ᵐ,40 de petits collecteurs (nᵒ 5) et 1516ᵐ de tuyaux nᵒ 3. Les tuyaux ont été achetés aux prix les plus bas portés au tableau du nᵒ 20 ; le transport en a été fait moyennant 12ᶠ les 1000 k. ; de plus la main-d'œuvre a été payée 0ᶠ,12 le m. linéaire. Faites le devis de la dépense en ajoutant six tuyaux et collecteurs p. 0/0 pour déchets et 1/10 pour faux frais ?

25. IRRIGATIONS. Les irrigations fournissent aux plantes l'eau nécessaire pour entretenir leur fraîcheur ; elles fécondent aussi la terre par le dépôt des matières fertilisantes tenues en suspension dans l'eau. Les arrosements varient selon la perméabilité du sol et la chaleur du climat ; on emploie depuis 3000ᵐ jusqu'à 10000ᵐ d'eau par Ha. En général on admet que 1ᵃ de prairies naturelles exige en tout 10000^mc· d'eau courante répartis ainsi : 1 arrosage de 30 jours, 1 de 12 j., 1 de 3 j., 1 de 2 j., et 2 de 1 j. Pour l'arrosage des terrains situés le long des canaux d'irrigation, l'eau se paye d'après le nombre de litres d'eau débités par seconde.

56. Quel est le volume d'eau nécessaire pour chaque arrosement? Qnelle concession doit demander un propriétaire qui veut obtenir 10000^mc d'eau dont il a besoin?

La quantité de pluie tombée annuellement en France est en moyenne de $0^m,80$ de hauteur. Dans les endroits privés de cours d'eau, on recueille l'eau de pluie pour s'en servir ensuite en temps convenable. *Il faut surtout ne* JAMAIS *laisser perdre les eaux qui traversent les fumiers; car elles contiennent des matières organiques précieuses pour l'agriculture.* Avant de commencer l'arrosage, on pratique avec symétrie sur le terrain des rigoles d'irrigation pour conduire ces eaux partout où cela est nécessaire.

57. Pour irriguer un Ha de pré, on a fait creuser $247^m,20$ de fossés de $0^m,50$ de profondeur et de $0^m,45$ de largeur moyenne à $0^f,50$ le *mc*; employé 21 1/2 d'homme à $2^f,50$ pour tracer les rigoles au moyen du niveau d'eau et de la mire ; fait ouvrir 547^m de rigoles à 1^f l'H*m*; et enfin employé 1J 3/4 à boucher et rouvrir les rigoles. Quel est le prix de revient de ce travail?

58. Le pré précédent (Ex. 57) donnait en moyenne, avant l'irrigation 3000^{kg} de foin sec valant $5^f,20$ les 100 ᵏ. L'irrigation, en détruisant certaines plantes dures, a rendu le fourrage plus fin et en a augmenté le prix de 1/10 et la quantité de 2/3. Quel bénéfice net a produit cette opération ?

TRAVAUX DE SEMAILLES ET DE RÉCOLTES.

24. SEMAILLES. Les meilleures semences donnent les plus beaux produits : le choix de la semence est donc une chose très-importante pour le cultivateur. On sème ordinairement à la volée les céréales, les plantes fourragères, le lin, le chanvre, la cameline, etc. On sème à l'aide du semoir, ou on plante en lignes, le maïs, les betteraves, les pommes de terre, les carottes, etc. Ce semis en ligne économise la semence, permet d'espacer régulièrement les plantes, et rend les binages plus faciles. La quantité de semences nécessaires varie selon la nature du terrain, la pureté et la qualité des graines, le climat même. Les données suivantes ne sont donc que des *moyennes*.

TABLEAU DES ENSEMENCEMENTS.

CULTURES.	N. DE GRAINES au Kg.	ESPACEMENT en lignes.	SEMENCES à la volée.	ÉPOQUE du semis.
Céréales.		(*)	(**) lit.	
Blé d'hiv..	25000	12/20	200	octobre.
id. print.	30000	10/20	220	mars
Seigle.. . .	40000	12/20	230	octobre.
Orge d'hiv.	20000	15/20	250	octobre.
Av. d'hiv..	20000	12/20	250	octobre.
id. print.	22000	10/20	270	février.
Maïs jaune.	2200	50/75	»	mai.
id. quar. .	7000	80/50	»	mai.
Sarrasin. .	40000	»	60	avril.
Racines.			kg.	
Betteraves.	50000	30/50	6	avril.
Nav., raves.	300000	20/40	4	juillet.
Car. à vac.	700000	15/40	4	mars.
Pom. de t.	»	40/75	»	mars.
Topinamb.	»	40/70	0	mars.

CULTURES.	N. DE GRAINES au Kg.	ESPACEMENT en lignes.	SEMENCES à la volée.	ÉPOQUE du semis.
Fourrages.				
Trèfle inc.	200000	»	20Kg	août.
Luzerne . .	800000	»	20Kg	mars, 8bre
Sainfoin. .	25000	»	40Dl	*id.*
Lupuline..	400000	»	15Kg	avril.
Vesce . . .	20000	»	20Dl	mai, 8bre
Jarosse. . .	15000	»	25Dl	7bre
Légumineuses.				
Pois chich.	4000	25/40	»	mars.
Haricots S.	2500	30/60	»	mars.
Féveroles .	2000	40/60	20Dl	février.
Plantes industrielles.				
Colza d'hiv.	250000	30/15	5Kg	juillet.
Navette.. .	250000	25/40	8Kg	août.
Chanvre. .	35000	»	4à12Hl	mai.
Lin.. . . .	200000	»	2à3Hl	mars.

(*) Les deux nombres $^{12}/_{20}$, lisez 12 *centimètres* sur 20, indiquent par exemple, pour le semis en lignes, les dimensions de l'espace moyen occupé par chaque plante.

(**) 200 litres est la quantité de blé d'hiver semée à la volée par *hectare*, comme 6Kg est le poids de la graine de betterave semée de même par hectare.

Nota. Voyez l'Ex. 912 du Recueil pour le poids de l'Hl de graines de céréales, de légumineuses, etc., ou les tableaux des n°s, 57, 62 et 63.

59. *Semis en lignes.* Si, dans le semis en lignes des quatre premières céréales et des trois premières racines, l'on met trois graines ensemble, quelle économie réalise-t-on par Ha sur la quantité de semence employée à la volée?

60. En mettant 3 grains de maïs ou de pois chiches, ou de haricots par trou, combien de Hl sont nécessaires par Ha? (Complétez le tableau avec les réponses trouvées.)

61. L'Hl de pommes de terre contient 1000 tubercules moyens, et se vend 4f,50; l'Hl de topinambours en renferme environ moitié plus et vaut 3 fr.; que coûte la semence de 75ª de chacune de ces 2 cultures?

62. Le colza, la navette, la betterave se sèment ordinairement en pépinières et se repiquent ensuite; trouver la surface à semer en pépinière ou à la volée pour planter 40ª, en supposant que la moitié seulement des graines semées réussit?

63. On obtient environ 1kg de graines de navets de 7 porte-graines; les pieds de navets étant espacés de 0m,40 sur 0m,60, quelle surface doit-on en conserver pour récolter la semence nécessaire à 3Ha50ª?

64. *Semis à la volée.* Pour semer à la volée les grains d'un certain volume comme ceux des céréales, on les prend par poignées, et la largeur de la bande de terre à semer chaque fois se calcule d'après la longueur du pas et la quantité de semence à mettre. Quelle largeur de terrain sèmera suffisamment en chacune des 4 premières céréales, un semeur qui jette 0l,06 de grains par pas de 0m,80?

65. Quand les semences sont fines comme celles de certains fourrages, on prend les graines par pincées, et le poids de chaque pincée se règle sur la quantité à prendre et la largeur des passées. Quel poids de graines de trèfle, de luzerne ou de lupuline doit prendre chaque fois un semeur qui avance de 0m,80 et sème 1m,50 de largeur à la fois?

66. On a 3 Dl de trèfle incarnat, 12 Dl de luzerne et autant de lupuline, 20kg de sainfoin, et 18kg de vesces. A quelle surface suffit chaque semence?

(Voy. l'ex. 1592 du Recueil pour les avantages qu'offre le semoir.)

25. Préparation des semences. Pour préserver le blé de la carie, du charbon, de la rouille, de l'ergot, etc., on fait subir à la semence une des opérations suivantes:

1º Sulfatage. On fait dissoudre 1kg de sulfate de cuivre dans un H*l* d'eau, et on y trempe la semence, en ayant soin d'ôter les grains qui surnagent ; on laisse ensuite sécher ce qui reste pendant 24 heures avant de s'en servir.

2° EMPLOI DU SULFATE DE SOUDE. On dissout 5^{kg} de ce sel dans 1^{hl} d'eau ; on plonge le grain dans la dissolution, et on l'étend ensuite sur un plancher en le saupoudrant de 1 à 2^{kg} de chaux tamisée.

3° CHAULAGE (*Procédé de la Brie*). On verse sur 1^{hl} de blé 12^l d'eau dans lesquels on a fait dissoudre 1^{kg},500 de chaux et 330^g de sel ordinaire. On peut semer 24 heures après.

4° (*Procédé de la Beauce*) On met dans un baquet 1^{kg} de chaux vive avec 10^l d'eau presque bouillante ; on y ajoute 2^l d'urine de vache ou de cheval, et on verse le tout sur 1^{hl} de blé qu'on retourne. On sème au bout de 24 heures.

5° EMPLOI DE L'ACIDE SULFURIQUE. On laisse pendant 24 heures le blé immergé dans une dissolution formée de 150 parties d'eau et d'une partie d'acide sulfurique. On le retire ensuite pour le saupoudrer avec de la chaux éteinte.

(*Voy.* l'ex. 1435 du Recueil *pour le pralinage de l'avoine*).

67. Trouver, en admettant que les quantités indiquées aux deux premiers procédés suffisent pour 8^{hl} de grains, ce que devra employer un propriétaire qui veut préparer la semence de 8^{ha},50 en blé d'hiver?

68. De quoi se composera la dissolution nécessaire pour chauler selon le 3° et le 4° procédé, la semence de 12^{ha},20 de blé d'hiver?

69. Quelle est la quantité de matières à employer pour préparer d'après le 5° procédé assez de dissolution pour remplir à 0^m,50 de hauteur un baquet circulaire ayant 0^m,85 de diamètre?

70. Si on voulait n'employer par le 5° procédé que la quantité de dissolution nécessaire pour remplir les vides laissés par le grain, combien de litres en faudrait-il préparer pour 12^{hl} de semence de 75^{kg} chacun sachant que le poids spécifique du blé est de 1,408?

26. CRÉATION DES PRAIRIES NATURELLES. Les prés non irrigables doivent être établis sur des sols naturellement frais et humides, dans un bon état de fertilité, et parfaitement nettoyés des plantes nuisibles par une succession de cultures sarclées. Les prés soumis à l'irrigation exigent des soins moins rigoureux. Une prairie naturelle se compose de diverses espèces d'herbes mélangées, telles que luzerne, sainfoin, trèfle blanc ou rouge, lupuline, etc... et de celles qui sont comprises dans le tableau suivant.

PLANTES.		SEMENCES à l'Ha.	SOL convenable.	PRODUIT.	
				quantité.	qualité du foin.
		Kg			
Plantes hâtives.	Dactile pelotonné..	40	Tous les terrains.	forte.	un peu gros.
	Fétuque ovine . . .	30	Sec,sabl.,calcaire.	id.	fin.
	Ivraie vivace. . . .	50	Un peu frais.	assez forte.	un peu dur.
	Paturin commun. .	20	Non calc., ni sec.	forte.	bon.
	Flouve odorante. .	40	Partout.	assez forte.	fin.
	Ray-gras Italie. . .	50	Irrigué.	forte.	fin.
	Paturin des bois. .	30	Sec et sain.	assez forte.	très-bon.
	Vulpin des prés. .	25	Frais et bon.	forte.	un peu gros.
Plantes tardives.	Agnostis vulgaire..	10	Partout.	id.	fin et bon.
	Fléole des prés. . .	8	Frais, humide.	très-forte.	gros et bon.
	Fétuque des prés..	50	Frais et riche.	assez forte.	très-bon.
	Houque laineuse. .	20	Frais.	assez forte.	bon.

71. Quand on crée une prairie, il faut autant que possible semer des plantes dont la maturité arrive à la même époque, et auxquelles le même terrain puisse convenir. Cherchez ce qu'un cultivateur devra mêler de chacune des plantes hâtives précédentes convenant à un sol un peu frais, pour mettre en pré 1Ha,20 de terre de cette nature, de manière que chaque semence occupe le même espace?

72. Le même cultivateur veut aussi ensemencer 39ª,50 de terre sèche avec les deux plantes hâtives propres à cette opération; qu'emploiera-t-il de semence de chaque sorte?

73. On veut faire un pré de 2Ha 8ª avec les trois dernières plantes tardives du tableau précédent en y ajoutant de la lupuline et du sainfoin. Que devra-t-on prendre de chaque graine pour que ces deux dernières plantes occupent chacune le quart du terrain?

74. Pour obtenir un fourrage hâtif, on conseille de semer en mai par Ha, après avoir bien fumé, 5Dl de sarrasin, 25ᴵ de maïs quarantain, 1/4 d'Hl de pois hâtifs et 1Dl de moha. De quoi doit se composer la semence d'un semblable fourrage pour un terrain rectangulaire de 172^m sur $84^m,60$?

27. RÉCOLTE DES CÉRÉALES. La récolte des céréales se nomme *moisson;* elle se fait à la *faucille*, à la *faux*, à la *sape*, ou à l'aide de machines appelées *moissonneuses* trainées par des chevaux. Voici le travail qu'on obtient ordinairement chaque jour, par ces divers procédés, dans une récolte moyenne de blé.

Faucilleur. . . . . 20 ares
Faucheur avec un aide pour ramasser les grains. 60   »
Sapeur. 35   »
Moissonneuse du prix de 1000^f, marchant bien. 300   »

75. Trouver, en estimant la journée d'un ouvrier $3^f,50$ et celle de l'aide $1^f,75$, à quel prix revient la moisson d'un Ha de froment par chacun des trois premiers procédés?

76. Une moissonneuse exige l'emploi de 2 chevaux à 5^f par tête; de plus il faut compter 5 p. 0/0 pour intérêt du capital et 10 p. 0/0 pour usure et entretien, le tout réparti entre 20 jours que dure à peu près la moisson. Quel est alors le prix de revient de l'Ha de ce travail?

77. Faites avec les réponses trouvées dans les deux exercices précédents, un tableau indiquant le n. de j. nécessaire pour moissonner 1^{Ha} et le prix de revient du travail par chacun des procédés en usage?

28. BATTAGE DES CÉRÉALES.

Ce travail a lieu soit à l'aide du *fléau* manœuvré par les hommes, soit par le *dépiquage*, opération qui consiste à faire fouler les gerbes par les pieds des chevaux, soit enfin au moyen de machines mises en mouvement par la vapeur, ou par les animaux. Cette dernière méthode se généralise; car elle est la plus expéditive, la plus économique et celle qui fait le travail le plus net. (Voy. l'ex. 857 du Recueil, pour le volume des récoltes, et les ex. 1593 et 1594 pour les différents genres de battages.)

78. Un batteur travaille 12 h. par jour en été, et peut battre au soleil 47^{Kg} de gerbes à l'heure; en hiver sa journée dure 10^h, et il bat environ 30^{Kg} de gerbes par un temps sec et 20^{Kg} seulement par l'humidité. Si les gerbes pèsent en moyenne 9^{Kg},5 et que le rendement du grain soit de 34 p. 0/0, combien de gerbes doit battre un homme par heure, puis par jour? Combien de l et combien de Kg de grains extrait journellement chaque batteur?

29. PRIX DE MAIN-D'OEUVRE DE RÉCOLTES ORDINAIRES DANS UN PAYS OÙ LES JOURNÉES SONT EN MOYENNE DE 2^f,50. (Voy. le Recueil, ex. 625).

TRAVAUX.	PRIX.	TRAVAUX.	PRIX.
	f		f
Blé, liage, mise en dizeaux. l'Ha.	6,00	*Jarosse*, battage au fléau. . . l'Hl.	1,35
» charg^s, déch^t, des gerbes. id.	5,75	*Fèves*, fauchage.. . . . . . . l'Ha.	7,50
» fauchage du chaume. . . id.	8,50	» arr., batt., nettoyage. id.	11,50
Maïs fourr., fauchage . . . . id.	7,50	*Colza*, coupage. . . . . id.	16,00
Sarrasin, fauchage. . . . . . id.	7,50	» battage, nettoyage. . . l'Hl.	2,00
» battage au fléau. . . l'Hl.	1,75	*Battage mécanique non compris la location de la machine.*	
Betteraves, arr., charg^t, déc^e, l'Ha.	22,00		
» ensilage. . . . . . id.	4,50	Blé, avec liage de paille. . . l'Hl.	0,80
Navets, arr., charg^t, déch^s, id.	24,00	Seigle, id. . . . . id.	0,30
Carottes, id id.	24,00	Orge, id. . . . . id.	0,50
P. de terre, arrach., chargem^t id.	24,00	Avoine, id. . . . . id.	0,50
Prairies, fanage, meulons. . . id.	8,75	Sarrasin, id. . . . . id.	0,80
Jarosse, fauchage. . . . . . . id.	7,50		

79. Quelle quantité de chaque travail est faite pour 1^f?

80. Combien faut-il de journées pour faire chaque espèce de travail? (Faites un tableau des réponses.)

81. Quel est, d'après les tableaux des n°s 19 et 29, le prix de la main-d'œuvre de la culture de 72^a de pommes de terre, de 2^{Ha},8 de betteraves? On ajoutera 3^f,50 par Ha pour semailles de la dernière culture.

82. Une compagnie de 6 hommes a mis 14 jours pour lier, mettre en dizeaux, charger, puis décharger les gerbes de 25^{Ha} de blé; quel a été le gain journalier de chacun?

83. Un cultivateur a 18^{Ha} de betteraves à récolter et à ensiler; combien lui faut-il de personnes pour faire ce travail dans 6 jours?

84. On lie les gerbes de blé avec la paille de seigle; 12^{Kg} de cette paille peuvent faire 100 liens à nœud, que l'on paye 0^f,20 quand ils

sont bouclés, et 0ᶠ,25 lorsqu'ils sont tordus. Que doit faire de chaque
genre de liens, un homme à qui on donne 2ᶠ,50 par jour?

85. Combien faut-il de liens pour lier en gerbes de 12ᴷᵍ la récolte
d'un Ha de blé que l'on suppose devoir donner 28 Hl de grains de
75ᴷᵍ et le double pesant de paille, et que coûtera l'achat de la paille
de seigle à 12 fr. les 100ᴷᵍ?

86. Un homme lie par jour de 12ʰ environ 800 gerbes de blé de
14ᴷᵍ chacune, 600 gerbes d'avoine ou d'orge. Combien d'hommes faudra-t-il pour lier dans une journée le blé coupé chaque jour par la
moissonneuse du n° 27, dans une récolte rendant à l'Ha 25 Hl de blé de
76ᴷᵍ et 2 fois 1/4 autant de paille?

87. *Dessiccation des fourrages.* Par le fanage, les fourrages verts
suivants rendent en foin: luzerne 0,27; trèfle et maïs 0,24; sainfoin
0,30; vesce et herbes des prés 0,35; de plus le foin éprouve une nouvelle perte de 12 p. 0/0 environ en meules ou dans les greniers. Combien
de Kg de fourrages verts faut-il pour donner 100ᴷᵍ de foin après la fenaison? A quel poids d'herbe verte correspondent 580 bottes de 10ᴷᵍ,5
de foin bien sec?

CLOTURES, CHEMINS RURAUX, TRANSPORTS.

50. CLÔTURES. On entoure les champs avec des fossés,
des palissades, des haies vives ou sèches, des murs.

Fossés. Les fossés ont l'avantage de servir à l'écoulement
des eaux et de recevoir le dépôt des terres en pentes.
Leurs bords ainsi que ceux des remblais, etc., affectent
généralement un talus (une pente) de 1/4 à 1, selon
la consistance du terrain. Connaissant le talus T à donner,
la profondeur P, l'ouverture O, on trouve la largeur du
fond F par la formule $F = O - P \times T \times 2$.

88. Faites au moyen de la formule précédente et des données ci-
après, un tableau indiquant l'ouverture, le fond, la profondeur, le volume par mètre courant, le prix du m linéaire, pour des fossés ayant
successivement 1/4, 1/2, 3/4 de talus, et dont la main-d'œuvre est payée
0ᶠ,40 le mc de terrassement:

	m	m	m	m	m	m	m	m	m
Ouverture	0,60;	1,00;	1,00;	1,25;	1,50;	1,75;	2,00;	2,00;	2,25.
Profondeur	0,30;	0,40;	0,50;	0,50;	0,70;	0,75;	0,75;	1,00;	1,25.

89. Quelle ouverture doit-on donner à un fossé de 0^m,40 de profondeur et 0^m,30 de largeur au fond pour avoir un talus de 1/4 et de 1/2 m pour m?

31. *Palissades.* Les palissades ménagent l'espace; elles se font en palis, en lattes, et très-souvent maintenant en gros fil de fer qu'on galvanise pour le préserver de la rouille, On emploie ordinairement le fil N° 20 avec un fort poteau à chaque bout et des pieux de 3 m. en 3 mètres. Voici les dimensions de quelques fils de fer pour clôtures.

Nᵒˢ des fils . . .	8	; 10	; 14	; 18	; 20	; 22	; 24.
Diamèt. en mm.	1,24;	1,46;	2,2 ;	3,40;	4,40;	5,45;	6,40
P. du m en gr.	9	; 14	; 27	; 68	; 111	; 180	; 234.

90. Cherchez combien chaque Kg donne de mètres de longueur?

91. Que coûte, main-d'œuvre non comprise, l'entourage d'un champ rectangulaire de 78^m,70 de long sur 69^m,80, en fil n° 20 coûtant 0^f,70 le Kg, si on met trois rangs de fils avec des poteaux de 0^f,45 pièce et des pieux valant 8^f le cent?

32. *Haies vives.* Ce genre de clôtures est très-usité dans les localités de pâturages et dans celles où les terres n'ont pas grande valeur. Les arbustes les plus employés pour faire une bonne haie de défense sont l'épine blanche, l'acacia, etc., dont le plant se paye 6^f le mille environ ; on espace les brins de 0^m,20 et on en met souvent deux rangs.

92. Que coûtera, à 6^f le mille, la plantation d'une haie double d'acacias entourant le champ de l'ex. précédent, la main-d'œuvre étant payée 1^f,50 l'Hm?

33. VOIES DE COMMUNICATIONS.

Les routes *impériales* sont entretenues par l'état, les routes *départementales* par le département, les chemins de *grande et moyenne communications* par les localités qu'ils traversent, les chemins *ruraux* par les communes. Quant à ceux qui servent à l'exploitation spéciale des terres, ils sont aux frais des particuliers, et ces derniers ne sauraient les entretenir avec trop de soin puisque des chemins en bon état facilitent les transports tout en diminuant la dépense, et augmentent considérablement la valeur des propriétés.

TEMPS NÉCESSAIRE POUR FAIRE UN mc DE DIVERS TRAVAUX DE TERRASSEMENTS.

TRAVAUX.	TERRES		TRAVAUX.	TEMPS.
	ordin^{re}.	dure et pierreuse		
Fouille simple..	h 0,75	h 2	Transp. à la brouette à 30 mètres..	h 0,50
Jet simple.	0,50	0,90	Transp. au tombereau.	0,75
Charg^t sur brouette . .	0,20	0,20	Pilonnage.	0,50
id. en tombereau..	0,25	0,30		
Régalage.	0,25	0,33		

$$\text{Foisonnement.} \begin{cases} \text{Terre légère. . . . . } & 1/10 \\ \text{Terre moyenne.. . . } & 1/8 \\ \text{Terre compacte . . . } & 1/6 \end{cases}$$

93. On trouve que pour établir un chemin, il faut enlever 217 mc de terre ordinaire et 176 mc de terre pierreuse dont il faut faire la fouille, le chargement et le transport à la brouette; puis amener 218^{mc} de terre dure dont il faut faire la fouille, le jet simple, le chargement, le transport au tombereau, le régalage et le pilonnage. Que coûtera approximativement le travail à raison de 0^f,20 l'heure?

94. Quel est, avant le foisonnement, le volume d'un mc, chargé, de chacune des trois terres précédentes?

34. TRANSPORTS PAR LES ANIMAUX. Les véhicules employés pour ce transport sont les charrettes, les tombereaux, et les chariots ou charrettes à quatre roues. L'expérience prouve que trois chariots à un cheval font plus de travail qu'une charrette à trois chevaux.

FORCE MOYENNE NÉCESSAIRE POUR TRAINER 1000^{kg}, VÉHICULES COMPRIS, SUR LES TERRAINS HORIZONTAUX, AVEC UNE CHARRETTE A ESSIEU FAISANT 3600^{m} A L'HEURE.

NATURE DES TERRAINS.	FORCE en Kgm (*).	OBSERVATIONS.
Chemin de terre dure et unie.	22	Dans les terrains inclinés, la difficulté augmente en raison de la pente.
Id. avec gravier.	75	
Route empierrée, en bon état. . . .	14	
Id. dégradée.	50	
Id. pavée.	12	

FORCE MOYENNE DES ANIMAUX EXPRIMÉE EN Kgm.

ANIMAUX.	MARCHE à l'heure.	Kgm.
Bœuf de taille moyenne..	2700^{m}	38
Paire de bœufs attelés au joug.	2700	70
Cheval de petite taille..	3600	27
Id. de forte taille.	3600	41
Ane de petite taille. . . . , ... , . . .	3000	11
Id. de forte taille.	3600	27

95. Combien faut-il d'animaux de chacune des espèces précédentes pour traîner, charrette comprise, 4500^{kg} sur un chemin de terre; 3700^{kg} sur une route empierrée en bon état, puis sur une route dégradée?

96. On a une tomberée de betteraves pesant 2800^{kg} à conduire sur un chemin de terre avec gravier ayant une pente de $0^{m},15$ par mètre; on demande si deux bœufs attelés au joug seront suffisants et, en cas contraire, combien d'ânes de forte taille faudra-t-il mettre devant?

55. CORDAGES. Les cordages des voitures et les traits

(*) Kgm signifie kilogrammètre, c'est l'unité de force mécanique, ou la force nécessaire pour élever un Kg à 1 m de hauteur. Le *cheval-vapeur*, unité de force des machines, égale 75 Kgm.

des animaux sont ordinairement en chanvre. La résistance des cordes est d'environ 5^{Kg} par *mmq* de section ; celle des cordes goudronnées est inférieure de 1/4; celle des cordes mouillées n'est que le tiers de celle des cordes sèches.

DIMENSIONS DES CORDAGES LES PLUS EMPLOYÉS.

CORDAGES.	DIAMÈTRE. en *mm.*	LONGUEUR au Kg.	RÉSISTANCE.
Câbles et forts traits.	20 à 23	$1^m,50$ à $0^m,80$	1000Kg à 1200Kg
Traits de charrue, fortes longes..	8 à 10	15^m à 10^m	250 à 300
Cordeau pour guides..	5 à 6	20^m à 15^m	95 à 120
Grosse ficelle à sacs.	2	250^m	»

27. Quelle serait la résistance des mêmes cordes goudronnées, puis mouillées ?

28. Quel est approximativement, à $1^f,20$ le Kg, le prix de 15 paires de traits de 8^{mm} de diamètre et de $2^m,70$ de long?

36. TRANSPORTS A BRAS. Les transports à petites distances se font généralement par des hommes. Voici pour un parcours ou relais de 30^m, le travail exécuté en moyenne par heure :

MODE de transport.	CHARGE.	NOMBRE de tours.	PORTEURS auxquels un chargeur peut suffire.
Panier.	10^{Kg}	50	6,6
Hotte.	50	33	2,5
Civière.	50	33	4,1
Brouette..	80	40	2,5

29. Quand la journée de 12 h. est payée $2^f,40$, à quel prix revient, par chaque procédé, le transport à 30^m du *mc* de terre pesant 1280Kg. On tiend.a compte du temps du chargeur qui est dans le 1er cas, par exemple, les 68 dixièmes de celui des porteurs.

100. On veut faire creuser une fosse de $6^m,40$ sur $4^m,20$ et $1^m,25$ de profondeur dans une terre dure et pierreuse dont chaque litre pèse $1^{Kg},620$. Ce travail exigera une fouille, un jet sur berge et le transport à 30^m à la brouette. Combien d'heures de manœuvre faudra-t-il, et que coûtera chaque partie de l'ouvrage à $2^f,40$ la journée de 12 heures ?

CONSTRUCTIONS RURALES.

Les bâtiments ruraux doivent être simples, bien exposés, construits sur un sol plus élevé que celui de la cour, et convenir à leur destination.

37. LOGEMENT DES ANIMAUX. Le logement des chevaux s'appelle *écurie ;* celui des bêtes à cornes, *étable, bouverie* ou *vacherie ;* celui des cochons, *porcherie,* ou *toit à porcs ;* celui des poules, *poulailler ;* enfin celui des pigeons, *colombier.*

Les logements doivent être suffisamment aérés, tenus proprement et assez spacieux pour que chaque bête puisse s'y tenir à l'aise.

On admet par cheval une place de 8^{mq}, par bœuf 7^{mq}, par vache 6^{mq}, par porc 3^{mq}, par mouton $1^{mq},50$, avec les dispositions suivantes :

ANIMAUX.	HAUTEUR du plancher	LARGEUR par animal.	LARGEUR totale p^r		MANGEOIRE			RATELIER.			PORTES	
			1 rang.	2 rangs.	largeur.	profondeur.	hauteur.	HAUTEUR du sol.	LONGUEUR des barreaux.	ÉCARTEMENT des barreaux.	largeur.	hauteur.
Cheval, mulet. .	4,5	1,5	4,5	8,5	0,5	0,3	1,2	1,4	0,6	0,08	1,1	2,5
Bœuf, vache. . .	3,5	1,3	4,2	8	0,6	0,3	0,6	0,9	0,6	0,12	1,1	2,4
Mouton	3,5	0,4	»	»	0,3	0,15	0,3	0,3	0,5	0,08	1	2,2

101. Quelle longueur faut-il donner à un bâtiment qui doit contenir

8 vaches, id, 7 chevaux, sur un seul rang? Quelle sera la surface de chaque local?

102. Combien un râtelier double de $9^m,40$ de long peut-il contenir de moutons?

103. Quelques cultivateurs emploient pour les moutons des râteliers circulaires dont le centre est occupé par une poutre verticale qui permet de les abaisser ou de les élever à volonté. Quel doit-être le diamètre extérieur d'un râtelier de ce genre qui doit servir à 50 moutons?

104. Faites à l'échelle de 0,01 pour les chevaux, à celle de 0,02 pour les vaches, à celle de 0,05 pour les moutons, le plan complet de 3 écuries pouvant contenir la 1re, 8 chevaux sur 2 rangs, la 2e, 12 vaches sur 2 rangs, la 3e, 60 moutons sur 4 rangs?

Nous allons maintenant dire quelques mots sur chacune des parties de la construction.

MAÇONNERIE.

38. *Mortiers.* Les mortiers sont destinés à unir les pierres entre elles; les substances qui entrent dans leur composition sont le sable, la chaux, etc. On appelle *chaux grasse*, celle qui est presque pure de matières étrangères, *chaux hydrauliques* ou *ciments*, les chaux qui, mêlées d'argile, durcissent à l'humidité. Avant d'employer la chaux il faut l'éteindre, c'est-à-dire la réduire en pâte en mêlant à la première 3 fois 1/2 son poids d'eau et à la seconde 1 fois 1/2. La confection d'un *mc* de mortier au rabot coûte en moyenne $2^f,50$.

COMPOSITION DU *mc* DE DIFFÉRENTS MORTIERS.

GENRE DE TRAVAUX.	SABLE.	CHAUX grasse éteinte.	CHAUX hydraulique éteinte.	TUILEAUX cassés.	POUZZOLANE.
	mc.	mc.	mc.	mc.	Kg
Murs de clôture.....	0,950	0,370	»	»	»
Trav. hydr. ordinaires.	1,020	»	0,333	»	»
Id. dans l'eau.	0,940	»	0,350	»	4
Pavage des cours....	»	0,340	»	0,820	»

105. Trouver, en admettant que les diverses chaux non éteintes coûtent 30ᶠ le *mc*, le sable 6ᶠ, les tuileaux cassés 6ᶠ, la pouzzolane (chaux très-hydr.) 12ᶠ les 100ᴷᵍ, ce que coûterait le *mc* de chacun de ces mortiers, sachant de plus que la chaux grasse double de volume par l'extinction ?

106. *Béton.* Le béton, est un mélange de cailloux ou gravier et de mortier, avec lequel on forme un sol résistant et imperméable. Celui dont on se sert pour les fondations et les planchers est composé par *mc* de 1ᵐᶜ de cailloux et de 0ᵐᶜ,400 de mortier hydraulique. On veut faire mettre une couche de béton de 0ᵐ,30 de hauteur dans une chambre ayant 6ᵐ,40 sur 3ᵐ,80 ; que coûtera le béton employé si les cailloux cassés valent 6 fr. le *mc*, le mortier hydraulique 20 fr. le *mc*, la fabrication du béton coûtant 7 fr. le *mc* ?

39. *Murs.* Les murs de clôtures et de bâtiments ruraux se font ordinairement en moellons et en mortier de chaux grasse. L'épaisseur des premiers est de 0ᵐ,30 à 0ᵐ,35 ; celle des seconds est de 0ᵐ,60 à 0ᵐ,70 pour les fondations, puis de 0ᵐ,40 à 0ᵐ,50 au-dessus du sol ; les murs de refend ont 0ᵐ,10 de moins.

MATÉRIAUX ET TEMPS NÉCESSAIRES POUR DIVERS TRAVAUX
DE MAÇONNERIE.

MURS DE REFEND par *mq.*	MURS DE CLÔTURE DE 0ᵐ,33. (non enduits) par *mq.*	MURS ENDUITS par *mc.*
Menus (1). 5,5	Moellon. 0ᵐᶜ,35	Moellons.. . . . . 1ᵐᶜ,05
Mortier 0ᵐᶜ,04	Mortier. . . . . 0 ,10	Mortier. 0ᵐᶜ,33
Taille, pose. . . . 5ʰ,5	Travail. 2ʰ 1/₂	Travail. 4ʰ 1/₂

107. En admettant que la main-d'œuvre augmente du tiers au-dessus de 3 *mc*, que le moellon coûte 2ᶠ,50 le *mc*, le mortier 15ᶠ le *mc*, la main-d'œuvre 3ᶠ,60 par journée de 12ʰ, trouver le prix de la construction d'un mur de grange de 7ᵐ,20 de long, ayant 0ᵐ,50 de

______

(1) Pierre de taille, ayant 0ᵐ,66 de long, 0ᵐ,27 de large sur 0ᵐ,30 d'épaisseur.

fondation et 6ᵐ,40 au-dessus du sol. L'épaisseur des fondations est de 0ᵐ,60 et celle du mur de 0ᵐ,45?

108. Faites le devis de la construction : 1° d'un mur de refend de 4ᵐ,80 de long, 3ᵐ,20 le haut et 0ᵐ,30 d'épaisseur ; 2° d'un mur de clôture de 2ᵐ,45 de haut, fondations comprises, entourant un jardin rectangulaire de 42ᵐ,60 sur 35ᵐ,50? On se servira des prix du problème précédent et on comptera les menus 0ᶠ,65 pièce.

40. Briquetage. La brique s'emploie généralement pour faire les murs de peu d'épaisseur et les cloisons, quelquefois pour construire des bâtiments légers dans les localités où la pierre est rare. Une bonne brique doit être bien cuite, avoir un grain fin et serré et être bien moulée.

TRAVAUX DE BRIQUETAGE.

(Murs non enduits en briques de 0,22 sur 0,11 et 0,055, joints de 1ᶜᵐ. Sous détail par mq.)

ÉPAISSEUR DES MURS.	NOMBRE de briques.	MORTIER.	TEMPS DE MAÇON et d'aide.
		mc	h
0ᵐ,055 (briques *de champ*)........	36 1/3	0,008	0,8
0 ,11 (id. *panneresses*)....	66 2/3	0,025	1,8
0 ,22 (id. *boutisses*)......	129	0,055	3,8

109. Combien faut-il de briques pour faire en chaque genre de travail, un mur de 4ᵐ,20 sur 3ᵐ,50, contenant une porte de 1ᵐ,80 sur 0ᵐ,90?

110. Combien faudrait-il de mortier et de briques pour 1ᵐᵍ de chaque espèce de travail si on faisait des joints de 0ᵐ,007, en employant des briques de 0ᵐ,24 sur 0ᵐ,12 et 0ᵐ,06?

111. Les briques valent environ 55ᶠ le mille, le mortier 18ᶠ le me, la main-d'œuvre 3ᶠ,60 les 12 heures. On veut faire construire en briques un poulailler ayant intérieurement 3ᵐ,40 de long, 2ᵐ,80 de largeur, 2ᵐ,60 de hauteur jusqu'au carré, et terminé par deux pignons de 1ᵐ,20 de haut sur les murs en large ; la porte d'entrée de ce petit bâtiment aura 1ᵐ,80 sur 0ᵐ,65. Faites le compte de la dépense pour chacun des trois genres de travaux du tableau précédent?

41. CRÉPIS, ENDUITS. Le *crépi* est une couche de plâtre ou de mortier de chaux de 10 à 15^{mm} d'épaisseur qu'on applique contre la maçonnerie pour la conserver et la rendre plus propre ; l'*enduit* est une couche plus légère.

TEMPS ET MORTIER NÉCESSAIRES PAR mq DE CRÉPIS ET D'ENDUITS.

TRAVAIL.	TEMPS.	MORTIER.
	h	mc
Mur crépi..	0,34	0,014
Id. enduit	0,20	0,008
Plafond crépi.	0,47	0,025
Id. enduit.	0,30	0,014

112. Établissez le prix du mq de ces divers travaux en estimant le mortier 18^f le mc et la main-d'œuvre 0^f,30 l'heure ?

113. On doit entrenir avec soin les bâtiments, faire recrépir les murs aussitôt qu'ils en ont besoin si l'on veut éviter d'être forcé d'y faire plus tard des réparations bien plus coûteuses. C'est ce qu'a compris un cultivateur qui fait recrépir une grange ayant extérieurement 9^m,40 de long, 6^m,70 de large et 4^m,90 de haut jusqu'à la naissance des 2 pignons, qui ont 6^m,70 sur 3^m,35 de hauteur. Cette grange a deux ouvertures, une grande porte de 3^m,20 sur 3^m,10 et une petite porte de 1^m,40 sur 0^m,95 ? Que coûtera le travail ?

CHARPENTE ET COUVERTURE.

Les bois de construction doivent être bien secs et abattus pendant le repos de la sève.

42. RÉSISTANCE DES BOIS DEBOUT. Voici la charge que peuvent supporter les poteaux de chêne. La 1re ligne indique le rapport de la hauteur au côté de la base du poteau (qui est un carré) ; la seconde, le poids en Kg que peut supporter chaque cmq de section du poteau.

20 ; 22 ; 24 ; 28 , 32 ; 36 ; 40 ; 48 ; 60 .
35 ; 32,7; 30 ; 26 ; 22 ; 19,1; 15,4; 10,2; 5,4.

Ainsi un poteau, dont la hauteur égalerait 20, ou 22, ou 24 fois le côté de la base, pourrait porter autant de fois 35^{Kg}, ou 32^{Kg}, ou 30^{Kg}, que la section de base contiendrait de *cmq*.

114. Quel poids peuvent supporter deux poteaux carrés de chêne ayant l'un $0^m,22$ de base sur $7^m,04$ de hauteur, et l'autre $0^m,35$ de base sur $7^m,70$ de haut?

115. On veut étayer une masse de 15700^{Kg} avec des poteaux de $6^m,50$ de haut et $0^m,16$ d'équarrissage; combien en faudra-t-il au moins?

43. Résistance horizontale. Il est utile de connaître le poids que peuvent supporter les planchers, afin de ne pas les charger outre mesure. On admet que chaque *cmq* de section transversale des bois ci-après peut porter jusqu'à la limite de rupture, savoir :

Chêne. . . . 117^{Kg}; Sapin de Norwége. 115^{Kg}; Orme et mélèze. 71^{Kg}; Pin du Nord. 76 ; Frêne. . . . . . . 142 ; Hêtre. 109

Il y a pour l'emploi de ce tableau deux cas principaux :

1° *Poutre encastrée à chaque extrémité et chargée au milieu.* On trouve la limite de rupture en multipliant le poids ci-dessus par quatre fois la largeur de la pièce et par le carré de l'épaisseur, puis en divisant le produit par les 2/3 de la longueur. Les dimensions des bois seront exprimées en *cm*.

2° *Même poutre, mais chargée uniformément.* La limite de rupture se trouve par le même calcul, mais en divisant le produit par le tiers de la longueur au lieu des 2/3.

Remarque importante. (Il est recommandé de ne faire supporter aux bois que le 7ième de leur poids de rupture.)

116. Quelle est pour chaque espèce de bois, la charge qu'on peut en toute sécurité faire supporter à une poutre de $6^m,50$ de long, $0^m,30$ de large et $0^m,38$ d'épaisseur, en mettant cette charge d'abord au milieu, puis en la repartissant uniformément?

117. Un plancher de chêne est composé de 14 poutres de $5^m,80$ sur

38

0ᵐ,14 de largeur et 0ᵐ,19 d'épaisseur ; combien d'Hl de blé, ou de quintaux de récoltes, peut-on y déposer uniformément sans crainte ?

44. Planchers. (*Voy.* l'Ex. 886 du Recueil pour les noms des différentes parties d'un plancher.)

Les planchers des constructions rurales se font ordinairement en torchis et sont soutenus par des soliveaux, etc... ; quand ceux-ci ont une certaine portée, ils doivent reposer sur des poutres. On espace les soliveaux de 0ᵐ,33 de milieu en milieu, et tous les bois doivent reposer d'au moins 0ᵐ,25 sur les murs.

DIMENSIONS ORDINAIRES DES BOIS DES PLANCHERS.

PORTÉE ou longueur.	ÉQUARRISSAGE EN *cm*.		
	poutres.	enchevêtrures.	soliveaux.
3ᵐ	»	20/20	17/8
4	27/32	22/21	20/9
5	30/36	23/24	25/9
6	33/40	30/32	32/10
7	35/44	»	»
8	37/48	»	»

118. Quel serait à 100ᶠ le mc pour les poutres, et 90ᶠ pour les soliveaux, le prix d'un plancher ayant intérieurement 8ᵐ sur 6ᵐ? Ce plancher contient une poutre dans le sens de la longueur, au milieu. (Faites le dessin du plancher.)

119. Le plancher précédent est en sapin de Norwége ; quel poids peut-il supporter aisément, la charge étant répartie uniformément ?

45. Combles. Un assemblage de poutres formant un comble ou une partie complète de comble se nomme *ferme*. Les fermes ont ordinairement 5ᵐ de long ; elles comprennent en général 2 *sablières*, 2 *entraits*, 1 *poinçon*, 1 *faîtage*, 4 *arbalétriers*, plusieurs *pannes* (1 par 3ᵐ,50 en moyenne), 4 *liens de faîtage*, des *chevrons* et *coyaux* (1 par 0,45). (*Voy.* le Recueil, ex. 1602 et 1635.) La grosseur des bois à employer varie selon la largeur du bâtiment et aussi selon le poids de la couverture à supporter.

DIMENSIONS ORDINAIRES EN *cm* DES PIÈCES DE COMBLES.

PIÈCES.	LARG. DU BATIMENT.			PIÈCES.	LARG. DU BATIMENT.		
	6m	9m	12m		6m	9m	12m
Sablières.. . . .	[illegible]	[illegible]	[illegible]	Contre-fiches..	[illegible]	[illegible]	[illegible]
Entraits.	[illegible]	[illegible]	[illegible]	Pannes.. . . .	[illegible]	[illegible]	[illegible]
Poinçon.	[illegible]	[illegible]	[illegible]	Bûches.. . .	[illegible]	[illegible]	[illegible]
Faîtage.	[illegible]	[illegible]	[illegible]	Lattes.. . . .	[illegible]	[illegible]	[illegible]
Arbalétriers.. .	[illegible]	[illegible]	[illegible]	Chevrons.. . .	[illegible]	[illegible]	[illegible]
Liens de faîtage.	[illegible]	[illegible]	[illegible]	Coyaux.. . . .	[illegible]	[illegible]	[illegible]

100. Trouver, d'après les explications et les données précédentes, si on paye les chevrons et coyaux 35ᶠ le mᶜ et l'autre bois 95ᶠ, tout posés, ce que coûterait chaque ferme d'un comble de 6ᵐ de large et 4ᵐ,80 de long? Les chevrons et arbalétriers ont 4ᵐ,25 de long, les liens de faîtage 1ᵐ,60 ; le poinçon 3ᵐ et les coyaux 0ᵐ,75 ? (Compte en ordre.)

40. Couverture. Les bâtiments se couvrent en tuiles, en ardoises, en tôle, en zinc, etc. La légèreté de la couverture est à considérer, puisqu'elle permet de réaliser des économies sur les bois de charpente. (*Voy. le* Recueil, ex. 616 et 835.)

RENSEIGNEMENTS SUR QUELQUES COUVERTURES.

MATÉRIAUX.	DIMENSIONS en *cm*.	NOMBRE au *mq*.	POIDS du *mq*.	PRIX MOYEN du *mq*.	PENTE maximum.
Tuiles creuses.. . .	40/[illegible]	50	6ᵏ[illegible]	2ᶠ	20 degrés
Tuiles à emboît. . .	33/[illegible]	15	37	1,75	40
Pannes en bois. . .	37/[illegible]	15	1[illegible]	»	45
Zinc en feuilles. . .	65/[illegible]	7	7	2	20

101. Les couvertures dans l'Est se font souvent en tuiles à emboîtement pesant 250ᵏᵍ le 100 et coûtant environ 190ᶠ le mille. On les pose sur lattes espacées de 0ᵐ,30, clouées sur chevrons distants de 0ᵐ,30.

Les chevrons valant $0^f,45$ le m linéaire, les lattes de $1^m,20$, 3^f la botte de 50, et la main-d'œuvre $0^f,80$ le mq, que prendrait un couvreur pour faire et fournir une couverture semblable ayant $4^m,80$ de long sur $6^m,60$ de hauteur?

AUTRES TRAVAUX DE LA CONSTRUCTION.

47. PAVAGE. Le pavage des cours et des écuries se fait de plusieurs façons et avec différents matériaux.

TABLEAU COMPARATIF DE PLUSIEURS GENRES DE PAVAGE POUR 1^{mq}.

MODE DE PAVAGE.	ENCAISSEMENT (temps).	SABLE (quantité).	MORTIER hydraulique.	FOURNITURES.	POSE, damage.
	min.	mc	mc	f	h.m
Pavés d'échantillon.	40	0,24	»	18 pav. à 50 0/0	1,40
Id. bâtards. . . .	35	»	0,04	18 pav. à 20 0/0	2,40
Moellons..	40	0,09	»	moellon, 2^f.	3
Briques à plat. . . .	25	»	0,03	50 bri. à 3 0/0	2
Briques de champ. .	25	»	0,03	100 bri. à 3 0/0	1,20

122. Quel est le prix de ces divers pavages, la main-d'œuvre valant $0^f,30$ l'heure, le sable 6^f le mc, le mortier 20^f le mc? (Faites avec les réponses trouvées un tableau comparatif.)

48. CARRELAGE. Le carrelage des maisons se fait ordinairement avec des carreaux carrés, ou avec des carreaux à six pans et du mortier de chaux.

123. Un mq de ce travail, exige $0^{mc},035$ de mortier à 18^f; 2 heures d'ouvriers avec les carreaux carrés, et 3^h avec les carreaux à six pans. Que coûte-t-il, y compris 0,1 de bénéfice pour le maître, si on emploie soit des carreaux carrés de $0^m,16$, ou de $0^m,22$, coûtant 38^f et 62^f le mille, soit des carreaux à six pans de $0^m,16$ ou de $0^m,22$ de côté, coûtant 72^f et 110^f le mille?

49. MENUISERIE. Les travaux de menuiserie sont très-divers: voici le prix des plus ordinaires en bois neuf de chêne:

NATURE du bois.	GENRE DE TRAVAUX.	DIMENSIONS		PRIX moyen.
		largeur.	épaisseur.	
	Travaux au m. courant (bois non assemblé).	cm	cm	f
Brut..	Lambourdes, tasseaux, chevrons, barres.	6	1 à 9	0,60
Blanc.	Cimaises, tasseaux, bandeaux, coulisses.	6	1,2 à 1,8	0,60
	Travaux au m. courant (bois assemblé).			
Brut..	Tringles, poteaux, traverses, coulisses...	6	2 à 8	1,20
Blanc.	Bâtis de portes et de croisées, pot. d'huis.	6	2 à 10	1,50

Travaux au mq (prix moyens).

Portes charretières simples. . . .	5f	Portes doubles d'écurie, à rainure.	9f
Id. avec rainures. .	11	Id. simples à contrevent.. . . .	8 ,50
Id. et bâtis et panˣ.	16	Croisée avec châssis à tabatière .	8 ,25

Nota. Les prix des travaux en sapin sont en moyenne les 2/3 et ceux des travaux en peuplier la moitié des prix des travaux en chêne.

123 *bis.* Un propriétaire fait construire une bergerie pour laquelle on estime qu'il faudra 18ᵐ,50 de barres, 38ᵐ,50 de poteaux et traverses, 54ᵐ,30 de poteaux d'huisserie, 2 portes doubles de chacune 1ᵐ,60 sur 2ᵐ,20, une porte simple de 1ᵐ,20 sur 1ᵐ,80, six croisées à châssis de 0ᵐ,90 sur 0ᵐ,80. Calculez approximativement le prix de la menuiserie?

(Voy. l'ex. 807 du Recueil pour la *vitrerie.*

50. Peinture. La peinture à la *détrempe* s'emploie pour les appartements; c'est de la couleur simplement délayée à l'eau avec de la *colle de peau.* On mélange ordinairement 3/4 de couleur préparée à l'eau et 1/4 de colle, et on applique à chaud trois couches qui emploient en tout moyennement 0ᴷᵍ ,125 par *mq.*

124. Que faut-il mélanger pour peindre au blanc d'Espagne les quatre murs et le plafond d'une chambre de 6ᵐ,80 de long, 5ᵐ,70 de large et 2ᵐ,75 de haut, le vide des ouvertures étant compensé par les embrasures ?

51. Le *badigeon* est une espèce de détrempe à l'eau de

chaux qu'on emploie à l'extérieur et qui est ainsi composée : chaux vive 100 parties, argile blanche 5, ocre jaune 2.

125. Que doit-on mélanger avec 0^{kg},500 d'ocre jaune pour faire un badigeon bien composé ?

52. *Peinture à l'huile.* Pour conserver les portes et les fenêtres, on emploie une peinture qu'on prépare en broyant des couleurs à l'essence et en ajoutant de l'huile siccative de lin ou autre. On emploie en général par *mq* et pour trois couches, 0^{kg},750 de peinture composée de 2/3 d'huile et de 1/3 de couleur broyée.

126. Que coûtera la peinture nécessaire pour peindre des deux côtés, 6 portes de 1^m,20 sur 2^m,15 chacune, soit au blanc de céruse valant 0^f,90 le Kg, soit au bleu de Prusse valant 0^f,80, soit enfin en vert-rouge valant 0^f,70, l'huile valant 1^f,40 et l'essence de térébenthine 1^f,20 le Kg ?

53. *Enduits hydrofuges.* Pour préserver les bois de l'humidité qui les pourrirait, on se sert d'enduits tels que le suivant : graisse de mouton 1,5 ; gomme laque 4 ; résine 5 ; goudron de gaz, 94. On fait fondre les trois premières substances, et on ajoute ensuite le goudron. On emploie à chaud environ 1^{kg} de cet enduit par 6 *mq*.

127. Indiquez la composition de la quantité de cet enduit nécessaire pour peindre 40 traverses mesurant chacune 1^{mq},80 ?

§ III. — VÉGÉTAUX INTÉRESSANT LA CULTURE FRANÇAISE.

PLANTES HERBACÉES.

54. Céréales. Les céréales sont les plantes dont les graines servent d'aliment aux hommes et aux animaux. Voici quelques détails sur les plus importantes :

Le *blé* ou *froment* produit un grain qui donne le pain le plus beau et le plus nourrissant. On en cultive beaucoup de variétés qui se rangent en blés d'hiver et en blés de mars ou de printemps. Le *seigle* réussit dans les terres maigres défavorables au froment ; son grain donne un pain de qualité inférieure, mais sa paille est très-utile. Le *méteil* est un mélange de blé et de seigle semés et récoltés ensemble. L'*orge* donne un grain qui nourrit bien les animaux et s'emploie dans la fabrication de la bière. On distingue la variété d'hiver ou escourgeon et celle de mars. Cette plante aime une terre calcaire ou bien chaulée.

L'*avoine* sert surtout à nourrir les chevaux ; elle aime l'humidité et exige peu de soins. Le *maïs* est une plante très-féconde dont le grain engraisse bien les animaux et donne une farine avec laquelle on fait des gâteaux. Le maïs doit être suffisamment espacé ; après la floraison on écime la tige à 0^m,20 au-dessus de l'épi. Le *sarrasin*, appelé blé noir, donne un grain qui est excellent pour les animaux et que l'on mange dans quelques pays ; toute terre lui convient ; il craint seulement les gelées. Les céréales comprennent aussi le *millet* avec lequel on nourrit les oiseaux, le *sorgho* dont une espèce sert à fabriquer les balais, etc.

55. LÉGUMES SECS.

La grande culture choisit les variétés naines pour les cultiver en plein champ ; elle s'occupe surtout des légumes suivants :

POIS. On distingue beaucoup de variétés de pois ; les uns appelés *gourmands*, se mangent en vert avec la cosse ; les autres, nommés *pois à parchemin*, se consomment en grains verts ou secs. HARICOTS. Ce légume craint les gelées et aime une terre légère et assez fumée ; on en cultive également beaucoup d'espèces. FÈVES. Cette plante demande un sol frais et substantiel ; il est utile de l'étêter quand elle est en fleur. LENTILLES. Ce légume n'exige aucuns soins; il craint la gelée et se mange sec.

56. Plantes oléagineuses.

Les plantes oléagineuses sont celles dont les graines broyées donnent de l'huile; elles se cultivent en lignes et exigent des binages et des sarclages répétés. Plus les graines sont sèches quand on en extrait l'huile, plus celle-ci a de valeur. Le marc qui reste s'appelle tourteau; il s'emploie comme engrais ou pour nourrir les bestiaux. Voici quelques renseignements sur les principales plantes oléagineuses :

Le *colza* est une espèce de chou non pommé à fleurs jaunes; il aime une terre profonde et bien fumée. On en distingue deux espèces : le colza d'hiver qui résiste aux fortes gelées et le colza d'été qui est moins productif; la récolte exige de grands soins. La *navette* est une espèce de navet; elle ne demande pas un sol de très-bonne qualité. La navette d'hiver rend plus que la navette d'été. L'*œillette* ou *pavot* veut un terrain de bonne qualité; pour en faire la récolte on est obligé d'égrener les capsules sur le champ même dans de larges baquets. La *cameline* se sème dans un sol sablonneux.

57. Plantes textiles. La tige de ces plantes fournit la filasse dont on fait le fil, puis la toile. Pour extraire cette filasse, on fait rouir les tiges en les plongeant pendant 10 à 15 jours dans l'eau; puis on teille, on broie, et enfin l'on peigne. Les plus importantes plantes textiles sont le *chanvre* et le *lin* dont les semences fournissent encore de l'huile.

Chanvre. Cette plante a besoin d'un sol profond, très-meuble et bien fumé; on la sème après les dernières gelées et on cache la graine pour la préserver des oiseaux qui en sont très-friands. On distingue le *chanvre mâle* qui ne porte pas de semences, et le *chanvre femelle*, ou porte-graines, mûrissant trois semaines environ après le premier.

LIN. Le lin est très-délicat et exige une terre fertile et meuble ; il épuise beaucoup le sol.

RENDEMENT MOYEN DES CÉRÉALES, LÉGUMES, PLANTES OLÉAGINEUSES ET TEXTILES A L'H*a*, DANS UN BON TERRAIN, EN ANNÉE ORDINAIRE.

PLANTES.	GRAIN			PAILLE PRODUITE par Kg de grain.	PLANTES.	GRAIN			PAILLE PRODUITE par Kg de grain.
	Récoltes.	POIDS de l'Hl.	PRIX de l'Hl.			Récoltes.	POIDS de l'Hl.	PRIX de l'Hl.	
Céréales.					Haric. nains.	25Hl	76Kg	30f	Kg 0,75
					Fèves.	30	78	20	0,9
Blé d'hiver.. .	25Hl	76Kg	18f	2,1	Lentilles. . .	15	85	40	1,2
Id printemps.	15	74	17	2	*Plantes indus.*				
Seigle	22	74	12	2,25					
Orge d'hiver. .	30	64	11	1,6	Colza.	40	70	25	1,4
Avoine.. . . .	40	45	9	1,7	Navette.. . .	18	65	22	»
Maïs.	45	75	12	2,6	OEillette . . .	20	68	25	»
Sarrasin. . . .	18	60	9	1,8	Cameline. . .	25	70	20	»
Légumes.					Lin de Riga..	7	70	40	»
					Chanvre . . .	6	52	25	»
Pois.	20	78	22	2					

(Voyez le Recueil, ex. 1422 pour le rendement des céréales en eau-de-vie.)

128. Le millet donne en moyenne à l'Ha, 20Hl de graine de 70 Kg et 3900 Kg de paille ; le sorgho à balai, 40Hl de 44 Kg et 4200 Kg de balais. Quel est le rendement de 75ᶜᵉ?

129. Les 100Kg de paille valent ordinairement : paille de blé 3f,50, de seigle 9f ; d'orge 2f,50 ; d'avoine 3f ; de maïs 2f,80 et des autres plantes 1f,25. Quel est en argent le rendement brut de chaque récolte ci-dessus? (Faites un tableau détaillé.)

130. Les plantes oléagineuses rendent en huile et en tourteau, savoir : le colza d'hiver 32 et 67 p. 0/0, la navette d'hiver 33 et 62, l'œillette 30 et 67, la cameline 27 et 72, le lin 23 et 74, le chanvre 22 et 75. Trouver, en estimant l'huile d'œillette 1f,20 et les autres 0f,90 le Kg en moyenne, puis le tourteau de lin 0^f,22 le Kg et les autres 0^f,15, la valeur d'un Ha de graines de ces plantes oléagineuses converties en huile?

131. *Rendement moyen en graines des autres plantes oléagineuses.* Le pavot produit à l'Ha, 22^{Hl} de 60^{Kg}, le sésame 22^{Hl} de 66^{Kg}, l'arachide 55^{Hl} de 30^{Kg}, le média 26^{Hl} de 60^{Kg}. Ces graines rendent en huile et en tourteaux : le pavot 35 et 60 p. 0/0, le sésame 30 et 75, l'arachide 34 et 60, le média 26 et 70. Quel est, en huile et en tourteaux, le rendement à l'hectare de chacune de ces plantes?

58. *Influence de la culture sur le rendement.* L'Hl de céréales récolté dans une terre fertile et bien amendée revient au producteur à meilleur marché que celui qu'on récolte dans un sol pauvre ou négligé. En outre le grain du 1er terrain pèse davantage, donne en farine et en pain un rendement supérieur, et par suite se vend plus cher que le second. Le cultivateur a donc un très-grand intérêt à bien cultiver ses terres et à leur donner d'abondantes fumures. On admet que, suivant le genre de culture, un Ha de bonne terre produit ce qui suit :

DEGRÉ DE CULTURE DU SOL.	RÉCOLTE		RENDEMENT p. 0/0.	
	en grain.	poids de l'Hl.	du grain en farine.	de la farine en pain.
Bien cultivé, fumure abondante. . .	30^{Hl}	78^{Kg}	78	140
id. *id.* ordinaire . . .	25	76	75	135
Mal cultivé, *id.* insuffisante. .	16	72	70	130

132. Si on laisse le son pour le monturage, et si on estime le pain 0^f,30 le Kg, quelle est la différence en argent de ces trois récoltes?

59. PRINCIPES NUTRITIFS CONTENUS DANS LES GRAINES ALIMENTAIRES.

On estime que, en poids,

Le froment en contient 74 p. 0/0; l'avoine en contient 58 p. 0/0;
Le seigle   *id.*   70 p. 0/0; les pois   *id.*   75 p. 0/0;
L'orge   *id.*   65 p. 0/0; les fèves   *id.*   68 p. 0/0.

133. Quand le blé vaut 22ᶠ l'Hl, quel devrait être d'après ce qui précède, le prix des autres céréales et légumes? (Voy. le tableau du n° 57 pour le poids de ces plantes.)

60. PRODUIT EN FILASSE DE L'Hᵃ DE CHANVRE ET DE LIN.

	Tiges sèches.	Filasse peignée.
Chanvre de Touraine,	8000ᴷᵍ ou	1000ᴷᵍ à 1ᶠ,10
Lin de Riga	3500 ou	600 à 2ᶠ,50

134. Que vaut la récolte de graine et de filasse de 14ᵃ de chanvre, de 30ᵃ de lin?

61. PLANTES TINCTORIALES OU A PRODUITS DIVERS.

Les plantes tinctoriales fournissent une matière colorante employée dans l'industrie. Voici des renseignements sur les principales :

La GARANCE demande une terre franche et profonde d'une nature particulière; elle dure trois ans; ses racines donnent une couleur rouge.   Le PASTEL exige un sol riche et bien amendé; ses feuilles produisent une couleur bleue.

Le SAFRAN est une plante bulbeuse dont les fleurs fournissent une couleur jaune.   La GAUDE vit 2 ans, elle aime les terrains sablonneux et bien cultivés; on extrait une couleur jaune de ses tiges et de ses feuilles.

Parmi les plantes à produits divers, on doit citer : le TABAC, qu'on ne peut cultiver qu'avec la permission du gouvernement; le HOUBLON, plante très-vivace, dont les cônes ou fleurs s'emploient dans la fabrication de la bière ; la *cardère*, ou *chardon à foulon*, qui est utilisée dans le cardage des draps, la *chicorée à café*, dont les racines préparées se mêlent au café ; enfin la *moutarde noire* ou *sénevé* avec les graines de laquelle on fabrique la moutarde pour la cuisine ou la table.

PLANTES.	SEMENCES		RENDEMENT A L'H*a*.	
	POIDS Il*l*.	QUANTITÉ à l'H*a*.	produit principal.	produit secondaire.
Garance.	51Kg	100Kg	2e *année*. » 3e *id*., racines, 3500Kg à 0f,70.	Graine, 400Kg Fourrage, 50qx à 3f.
Pastel.	11	15Dl	Feuilles sèches, 15qx à 42f.	Graine, 600Kg
Safran.	48	25Hl	Fleurs, 68Kg à 60f.	Oignons, 41Hl à 3 f.
Gaude.	60	4Kg	Tiges sèches, 30qx à 18f.	»
Tabac.	55	25000pl	Feuilles, 1200Kg à 1f,20.	»
Houblon	»	5000pl	Cônes secs, 1800Kg à 2f.	Litière, 100qx à 1f.
Cardère.	38	10l	Têtes sèches, 700Kg à 1f.	»
Chicorée à café.	»	5Kg	Racines sèches, 45qx à 20f.	Four. vert 150qx à 0f,70.
Moutarde noire.	70	6Kg	Graine, 14Hl à 30f.	Litière, 15qx à 1f.

135. Quelle étendue de terrain peut-on ensemencer avec 3Hl de garance, avec 20Kg de pastel, *id.*, de safran?

136. L'arrachage d'un Kg de racines de garance, desséchées à l'air, coûte 0f,15 s'il se fait à bras, 0f,11 à la charrue, 0f,07 au treuil Garcin. Que coûte l'arrachage d'un Ha par chaque procédé?

137. L'Hl de safran contient environ 2000 oignons; en espaçant les pieds de 0m,55 sur 0,40, combien faut-il d'Hl de bulbes par Ha?

138. La gaude doit être espacée de 0m,15 en tous sens; e mande un binage à 18f et deux autres à 15f; que reste-t-il sur le produit d'un Ha, ces frais déduits?

139. La cardère se plante à 0m,50 sur 0m,40; dans 10 jours, un homme, une femme et un enfant peuvent en planter un Ha. Combien aque pied exige-t-il de semence et donne-t-il en moyenne de Kg de têtes sèches? La journée d'homme se payant 2f,75, celle de femme 1f,50, et celle d'enfant 1f, que coûte la plantation de 60 ares de cardère?

140. Quel est en argent le rendement moyen de chaque pied de tabac et de houblon?

141. On sème la chicorée à café en lignes, et chaque plant occupe un espace de 0m,30 sur 0m,05. Quelle quantité de semence faut-il par m*q*? Quel est en argent le produit de l'are?

PLANTES FOURRAGÈRES.

62. On appelle ainsi les plantes dont les tiges servent à la nourriture des bestiaux.

LES PRAIRIES NATURELLES OU PRÉS sont des surfaces cou-

vertes d'herbes mélangées que l'on fauche chaque année.
Les principaux soins qu'exigent les prés sont : l'étaupinage c'est-à-dire l'épandage de la terre des taupinières, la destruction des mousses, herbes nuisibles et épines, enfin, et surtout, les irrigations.

Les *pacages* ou *pâturages* sont des espèces de prés dont les produits sont consommés sur place.

63. Les PRAIRIES ARTIFICIELLES sont des terrains où l'on a semé une plante fourragère qui y subsiste quelque temps. Voici des renseignements sur les plantes qu'on y sème généralement :

La *luzerne* prospère dans les terres profondes et fertiles ; elle redoute les sols compactes, humides et froids; c'est une des plantes les plus productives; car elle donne trois ou quatre coupes par an.   Le *sainfoin* est un excellent fourrage qui croît dans les terrains les plus médiocres; il ne donne qu'une coupe annuelle.   Le *trèfle* se sème sur les terres pendant qu'elles sont occupées par une récolte de céréales; on le coupe deux ou trois fois l'année suivante, puis on le détruit. Une espèce, le *trèfle incarnat*, se sème en août et se fauche en mai.   La *vesce* et la *jarosse* exigent peu de soins.   Le *pois gris* ou *bisaille*, aime les terres un peu argileuses et fraîches.

64. FENAISON. On fauche, aussitôt qu'elles sont en pleine fleur, les herbes des prairies destinées aux bestiaux, puis on les fane pour les faire sécher; on réunit ensuite le foin en gros tas appelés meules, ou on le rentre dans les bâtiments pour le faire botteler.

65. RÉCOLTES DES GRAINES FOURRAGÈRES. On coupe les prairies artificielles laissées à graine, aussitôt que celle-ci est suffisamment mûre, et on rentre la récolte avec précaution pour en extraire la semence.

Rendement moyen des plantes fourragères a l'Ha.

| PLANTES. | POIDS DE l'Hl de graine. | RENDEMENT EN | | PLANTES. | POIDS DE l'Hl de graine. | RENDEMENT EN | |
		foin sec.	graine.			foin sec.	graine.
	Kg	qx f	Kg f		Kg	qx f	Kg f
Pré irrigué.	»	70 à 8	»	Trèfle violet...	79	55 à 6,00	300 à 1,25
Pré non irr.	»	25 à 7,50	»	id. incarnat. .	81	50 à 6,00	250 à 0,80
Ray-gras It	26	80 à 7,50	900 à 0,80	Lupuline. . . .	80	35 à 5,50	450 à 0,80
Luzerne.. .	77	80 à 7,00	500 à 1,20	Vesces d'hiver..	78	40 à 5,00	1600 à 0,30
Sainfoin. .	31	50 à 6,50	750 à 0,30	id. printemps.	76	30 à 5,00	1100 à 0,30
Jarosse. . .	81	30 à 6,00	1600 à 0,30	Bisailles.. . . .	79	30 à 4,00	1200 à 0,25

142. Quel est le produit moyen brut d'un are de chacune des plantes précédentes 1° quand on les destine à donner du fourrage; 2° quand on les laisse à graine? Quel est le rendement en Hl de graines?

143. La moutarde blanche pèse 78^{Kg} l'Hl et se sème à la volée dans la proportion de 12^{Kg} à l'Ha; quel sera le rendement de 9^{Kg},500 de semence si l'Ha de cette culture donne en moyenne 15^{Hl} de graine et 18000^{Kg} de fourrage vert?

144. Le chou fournit aussi un excellent fourrage pour les bestiaux; l'Hl de graines de choux pèse 68^{Kg}, et il suffit de 300^g semés sur deux ares pour planter un Ha pouvant donner 50000^{Kg} de choux verts non pommés ou 80000^{Kg} de têtes de choux pommés. Quelle étendue faut-il planter pour avoir 12500^{Kg} de chacune de ces deux espèces, et combien doit-on employer de semence? Combien faut-il semer de grammes de graine par mq dans la pépinière?

145. Le foin se rentre dans les greniers ou se met en meules bien sec; dans l'un ou l'autre cas, il faut le fouler fortement. On estime que, tassés ou en grandes meules, le bon foin et le regain pèsent 110^{Kg} le mc, le trèfle et le sainfoin 90^{Kg}, la vesce 80^{Kg}. Quel espace faut-il pour loger la récolte de 1^{Ha} de ces divers fourrages?

146. Un cultivateur veut acheter sur pied la coupe de 85^a de trèfle et celle de 72^a de luzerne. Il fauche 3 mq de chaque fourrage et obtient 4^{Kg},8 de trèfle vert et 6^{Kg} de luzerne. Trouver ce qu'il doit payer le tout pour que le quintal de fourrage sec lui revienne à 6^f,25 en moyenne, sachant 1° que par la dessiccation 1^{Kg} de trèfle se réduit à 0^{Kg},25 et 1^{Kg} de luzerne à 0^{Kg},27; 2° que les frais de fauchage et de fenaison sont de 19^f par Ha.

66. Racines alimentaires et industrielles. Ces plantes,

appelées aussi cultures par rangées, parce qu'on les cultive en lignes, se sarclent souvent et purgent le sol des mauvaises herbes.

La *pomme de terre* fournit un excellent aliment pour l'homme; elle aime les sols sablonneux; il en existe un grand nombre de variétés, les unes hâtives, les autres tardives. Le *topinambour* résiste aux froids de l'hiver et procure une bonne nourriture aux animaux. On cultive la *betterave* comme plante fourragère, et comme plante industrielle afin d'en extraire le sucre et l'alcool; elle demande un sol profond. La *carotte blanche* convient à tous les animaux. Le *navet* ou *turneps* ou *rabioule* se consomme quelquefois sur place; le plus souvent on l'arrache à l'approche de l'hiver. Le *rutabaga* est une espèce de chou-navet qui remplace la betterave dans certains pays; cette plante croît rapidement et résiste aux gelées ordinaires.

RENDEMENT MOYEN A L'HG DES RACINES ALIMENTAIRES ET INDUSTRIELLES.

PLANTES.	POIDS DE L'HG		RACINES.	FOURRAGES VERTS.
	de graines.	de racines.		
Pommes de terre.	»Kg	65Kg	200 m à 4f	»
Topinambours.	»	65	250 » à 2	25000Kg à 10f 0/00
Betteraves,	25	55	35000 Kg à 18 0/00	10000 à 12 0/00
Carottes.	25	55	35000 » à 16 0/00	8000 à 12 0/00
Navets, turneps.	67	50	30000 » à 16 0/00	»
Rutabaga.	69	60	40000 » à 18 0/00	12000 à 12 0/00

(*Voyez* les ex. 1341, 1342, 1369, 1373, du Recueil à propos du produit industriel des racines.)

147. On compte en moyenne par 100Kg, de 70 à 100 betteraves à sucre ; de 40 à 100 betteraves disette ; de 30 à 70 betteraves globe jaune ; de 100 à 400 carottes ; de 120 à 500 turneps. Combien un H*l* contient-il à peu près de racines de chaque espèce ?

148. Quel doit être, d'après le tableau du n° 24, le poids moyen des quatre dernières racines pour donner le rendement indiqué ci-dessus ?

149. 100 porte-graines produisent environ 25^{Kg} de graines de betteraves, 14^{Kg} de navets-turneps, 0^{Kg},750 de carottes. Si les porte-graines sont espacés de 0^m,50 en tous sens, quelle étendue doit-on en laisser dans un champ, pour récolter 1^{Hl} de chaque semence ?

150. La culture des pommes de terre d'un terrain triangulaire de 172^m sur 84^m a exigé un labour à 18^f l'Ha, deux labours à 15^f l'Ha, l'emploi de 22me de fumier à l'Ha à 8^f,50, celui de 25 H*l* de tubercules à 4^f,00 l'H*l* par Ha, et les travaux indiqués aux tableaux 19 et 29. Le rendement a été celui du tableau. Faites le compte de cette culture.

151. La *patate* produit un tubercule long et très-sucré ; cette plante demande une terre riche et bien préparée ; elle se reproduit par ses boutures. 100^{Kg} de tubercules mis sur couche au printemps donnent 20000 boutures, quantité suffisante pour planter 130 ares. On obtient à l'automne une récolte d'environ 35000^{Kg} de tubercules craignant beaucoup le froid. Quelle est la quantité nécessaire pour ensemencer 18 ares de terrain et quel rendement peut-on espérer ?

152. Il existe un grand nombre de variétés de pommes de terre : le cultivateur doit préférer, pour sa consommation, celles qui rendent le plus de matières nutritives, et, pour la vente, les espèces les plus productives. Voici le rendement moyen de quelques variétés.

VARIÉTÉS.	PRODUIT donné par		RENDE-MENT		VARIÉTÉS.	PRODUIT donné par		RENDE-MENT	
	un tubercule.	1 Kg de tubercules.	à l'are.	p. 0/0 en fécule.		un tubercule.	1 Kg de tubercules.	à l'are.	p. 0/0 en fécule.
Hollande rouge....	12,5	20,3	Kg 545	15,2	Beaulieu......	9,6	19,5	Kg 432	17,5
Rouge longue....	9,1	36,5	345	18,2	Shaw......	19	21	228	18,8
Décroizille......	26,5	50,2	478	23,8	Petite hollandaise...	15	17	183	22,2
Calcinge.......	14,6	20,8	354	19,6	Parmentière......	21	16	222	19,4
Truffe d'août.....	13,3	28,3	228	18	Violette......	19,2	71.3	608	17,6
Tardive d'Ardennes.	30	36,4	308	21,4	Violette marbrée...	13,5	22,9	502	18,6

153. Classez les espèces d'après leurs produits en fécule ?

154. Classez les espèces d'après leur rendement en Dl par are, l'Hl de pommes de terre pesant 65^{kg}?

PLANTES ET INSECTES NUISIBLES; ANIMAUX UTILES.

67. Plantes nuisibles. La destruction des plantes nuisibles doit être une des préoccupations essentielles du cultivateur. Les binages, les sarclages qui ont lieu en avril et en mai, tout en ameublissant la terre, ont surtout pour but d'extirper toutes les mauvaises herbes qui étouffent souvent les récoltes, s'emparent des sucs de la terre et se multiplient avec une rapidité effrayante.

Mauvaises plantes ; moyens de destruction.

PLANTES nuisibles.	NOMBRE DE graines par pied.	MOYENS de destruction.	PLANTES parasites.	VÉGÉTAUX attaqués.	TRAITEMENT.
Chardon. .	24000		Carie , ergot.	tiges de céréales	chauler la semence.
Coquelicot.	40000	Arracher ou	Charbon. . . .	épis de id.	
Ivraie.. . .	1500	couper	Rouille. . . .	tiges de id.	semer engr. actif.
Laitron.. .	20000	avant la	Oïdium. . . .	Vigne.	soufrer les ceps.
Nielle.. . .	2500	floraison.	Cuscute.. . .	luzerne, trèfle.	arracher.
Séneçon.. .	6000		Gui.	arbres.	couper.

155. L'*échardonnage* est ordonné partout et cependant il s'effectue malheureusement très-irrégulièrement. Les graines de chardon, emportées avec facilité par le vent à de grandes distances, envahissent nos champs et menacent de nous inonder; il faut donc de toute nécessité exécuter une si sage ordonnance. Calculez ce qu'un seul pied peut produire de chardons en quatre ans si on les laisse croître en liberté? Quelle surface recouvriraient les graines au bout de ce temps, s'il faut un are pour 1000 chardons?

156. Il est indispensable de sarcler si l'on veut avoir d'abondantes récoltes et des graines bien pures. Voici le résultat d'une expérience :

Deux champs de même qualité, de 42^a chacun, ont été fumés et ensemencés ensemble en orge. Le 1er, dans lequel on a fait quatre journées de sarclage à 1f,25, a produit 10Hl,3 de grain; le 2e, dans lequel on a laissé croître les mauvaises herbes, n'a donné que 47Dl,5. Quelle a été par Ha la valeur de la différence du rendement en grain si on a vendu la récolte du 1er terrain 14f l'Hl, et celle du second 12f,50 à cause de son peu de pureté?

157. Quelle quantité de graines nuisibles un cultivateur négligent laisse-t-il dans un champ de 75 ares, en n'arrachant pas le laitron qui y pousse en quantité, si on trouve 42 pieds de cette plante dans 8 mq?

158. La *cuscute* est une plante annuelle qui envahit les luzernes et les trèfles et les fait promptement périr. Le moyen le plus sûr et le moins coûteux de la détruire consiste à couper au ras du collet les pieds qui en sont atteints. Néanmoins on recommande, pour en opérer la destruction, l'emploi de diverses matières, notamment celui de l'engrais Danicourt dont voici la composition : sel de morue 50kg, chaux éteinte à l'air 25kg, charrée 25kg, fiente de volaille, de lapin, ou de mouton, 35kg, phosphate de chaux 15kg. Cet engrais, bien mélangé et un peu fermenté, se sème par la rosée à la dose d'environ 500kg à l'Ha. Quelle est la composition de l'engrais nécessaire à 70a de luzerne infestée de cuscute?

68. INSECTES NUISIBLES. *Echenillage*. Une loi prescrit d'écheniller les arbres en février, sous peine d'une amende de 1 à 5 francs. Les chenilles, en effet, causent de grands dégâts en dévorant les feuilles; chaque nid ou bourre contient souvent plus de 500 petits et doit être brûlé avec soin. Certaines espèces d'oiseaux en font heureusement une grande destruction et aident l'homme à en arrêter la multiplication.

159. Quelle perte a éprouvée un cultivateur assez insouciant pour ne pas écheniller trois pommiers qui en avaient besoin; les insectes ont réduit de moitié la récolte de l'année et compromis le quart au moins de la suivante. Chaque arbre donnait en moyenne 17 Dl de fruits à 3f,50 l'Hl?

160. Le charançon est un tout petit insecte qui se loge dans le grain pour le dévorer et cause de grands dégâts dans les greniers si l'on n'a pas soin de remuer fréquemment les blés qui en sont atteints. 12 charançons dans 1Hl de blé peuvent en quelques mois, par une chaleur supérieure à 10 degrés, en produire 75000, dont chacun mange 3 grains

de blé. Quelle perte en Z peuvent produire 20 charançons dans un été·
le blé pesant 7kg,500 le Dl, et le gramme contenant 25 grains?

162. La larve du hanneton, appelée *man*, *turc* ou *ver blanc*, cause à l'agriculture des dégâts tels que le seul département de la Seine-Inférieure a éprouvé en 1840 pour plus de 25 millions de pertes. Le meilleur moyen de la détruire est de donner à la terre en septembre ou octobre plusieurs labours suivis d'un vigoureux hersage et de faire ramasser les vers blancs mis à découvert. Un cultivateur a fait ainsi enlever 34k75 de man. dans 179,40 de terre, chaque man pesant 23,2, quelle quantité en nourrait le terrain ...?

163. On peut faire avec les mans un terreau, par culture dégageant avec de la chaux vive ou de la terre. On estime que 100kg de vers blancs contiennent 10 p. 0/0 de matière fibre-ich qui contient à son tour 7 p. 0/0 d'azote. À quel prix revient à un cultivateur la destruction des vers blancs du terrain de l'Ex. 161, si ce travail a exigé quinze journées de femme à 1f,10, et si l'azote contenu dans les mans détruits vaut 2f le Kg?

164. Le meilleur moyen d'empêcher ou de diminuer les ravages des vers blancs et des hannetons, c'est de détruire ces derniers quand ils apparaissent au printemps. Tous les cultivateurs, les enfants surtout devraient leur faire une guerre acharnée. Les élèves d'une école ont ramassé dans une semaine 65kg de ces insectes; combien de mans ceux-ci auraient-ils produits, le Kg contenant 1010 hannetons dont environ moitié sont des femelles, et chaque femelle pondant 80 œufs qui donnent naissance à autant de mans?

69. UTILITÉ DES OISEAUX.

Le cultivateur, avons-nous dit, n°° 243 et 1034 du Recueil, est entouré de *millions* d'insectes qui s'acharnent après ses récoltes, et qui, par leur petitesse et par leur instinct, se dérobent à ses recherches. Chaque espèce d'insectes a sa plante particulière sur laquelle elle vit et se reproduit avec une merveilleuse rapidité : les unes dévorent les fines semences, les autres s'attaquent aux jeunes plants; d'autres en nombre prodigieux sucent la séve, rongeant l'écorce et les feuilles, pénètrent même au cœur des arbres, se logent dans les fleurs, dans les fruits, et poursuivent la récolte jusque dans les habitations. L'homme est impuissant contre de tels ravages, et il serait exposé à perdre tout le fruit de ses travaux, si les oiseaux n'étaient pas là pour le seconder efficacement. Les oiseaux seuls, en effet, peuvent arrêter l'effrayante propagation des insectes nuisibles; la plupart s'en nourrissent presque exclusivement, en détruisent chacun jusqu'à 500 par jour; et, de même que chaque espèce d'insectes a sa plante de prédilection, de même aussi chaque oiseau a son genre d'insectes auquel il s'attaque de préférence. Malgré les services immenses rendus par ces innocents et bien utiles auxiliaires, l'homme quelquefois et les enfants toujours, semblent prendre plaisir à les tourmenter, et leur font une guerre acharnée. Il faut, de toute nécessité, mettre un terme à un abus aussi déplorable. Déjà dans un grand nombre de bonnes écoles, les élèves, renonçant à leur cruelle et fâcheuse habitude, se réunissent pour former de *petites sociétés* destinées à protéger les oiseaux qu'autrefois ils se plaisaient à détruire; cet exemple ne saurait trop être imité dans l'intérêt de l'humanité et surtout de l'agriculture.

164. Dans une des écoles dont il vient d'être parlé, 30 enfants ont surveillé et sauvegardé 78 nids dont chacun a donné en moyenne 6 petits. Trouver, en admettant que chaque oiseau conservé détruise par jour environ 100 insectes, quelle quantité un enfant a contribué pour sa part à en faire disparaître dans six mois?

70. AUTRES ANIMAUX UTILES. La *taupe* se nourrit exclusivement de vers et d'insectes; elle détruit un nombre considérable de mans, et c'est en les cherchant jusque dans les racines qu'elle dérange quelquefois les plantations de légumes. La *chauve-souris* fait une chasse extrêmement active aux insectes nocturnes et aux papillons de nuit dont quelques espèces produisent les chenilles les plus nuisibles. Le *crapaud*, que les maraîchers anglais achètent jusqu'à 1',50 la douzaine, sort la nuit et dévore en grande quantité les limaces, les limaçons, etc., qui font d'énormes dégâts dans les jardins potagers. Le *hérisson* rend les mêmes services et de plus fait une guerre implacable aux vipères et aux autres reptiles dangereux.

Loin de faire du mal à ces animaux, l'homme doit au contraire les protéger; car ils lui rendent de grands services et sont complétement inoffensifs.

PLANTES LIGNEUSES.

71. ARBRES FRUITIERS. Les arbres fruitiers de même que les végétaux ligneux se multiplient par le semis, la bouture, la marcotte, ou les rejetons. Toutefois les bonnes espèces de fruits se reproduisent surtout par la *greffe*, opération qui consiste à implanter sur un végétal ou *sujet* un petit rameau provenant de l'arbre que l'on veut propager. La greffe se pratique de trois manières : 1° par *fente* ou *ente*; on insère le petit rameau garni de deux boutons dans une fente pratiquée sur le tronc du sujet; 2° en *couronne*: on met le rameau entre l'écorce et le bois du tronc; 3° en *écusson*: on applique le rameau contre la branche dans une fente faite à l'écorce: cette dernière manière est la plus pratiquée.

Dans les arbres à fruits à pepins, les fruits naissent sur des branches courtes et grosses de $0^m,07$ de long, appelées *bourses* ou *lambourdes,* ou sur des branches longues et minces. La taille à laquelle on soumet les arbres a surtout pour but de former des branches à fruits.

72. PÉPINIÈRES. PLANTATIONS. Une pépinière est un enclos où l'on élève les jeunes arbres jusqu'à ce qu'ils puissent être plantés à demeure ; elle exige des soins nombreux et une certaine habileté. Les meilleures époques pour planter les arbres sont l'automne et la fin de l'hiver; on prépare les trous à l'avance et on y place les arbres avec précaution en tassant la terre au pied.

Principaux arbres fruitiers en plein vent.

ARBRES.	SUJET sur lequel on peut greffer.	Espacement en verger.	Rendement moyen.	ARBRES.	Espacement en verger.	RENDEMENT moyen.
Arbres à fruits à pépins.				*Arbres à fruits durs.*		
Pommier..	Sauvageon, franc.	12m	[illegible] à 0,[illegible]	Noyer...	20m	30lit à 1f,10
Poirier...	Cognassier, franc.	12	10hl à 0,[illegible]	Amandier.	7	6kg à 0,80
Cognassier.	»	10	30hl à 0,0[illegible]	Noisett. r..	4	15 à 0,15
Arbres à fruits à noyau.				*Arbres à fruits divers.*		
Prunier...	Rejeton, plant.	6	1[illegible] à 0,50	Châtaignier	8	100kg à 0,15
Abricotier.	Prunier, amandier.	7	[illegible] à 0,6[illegible]	Olivier...	7	600 » à 0,07
Pêcher...	id.	7	[illegible] à 0,0[illegible]	Mûrier...	6	40 » à 0,80
Cerisier..	Sur lui-même.	8	[illegible] à 0,50	Groseillier.	2	1 » à 0,25

165. L'Hl de noix pèse 67kg et rend environ 30 p. 0/0 d'amandes épluchées donnant 55 p' 0/0 d'huile et 42 p' 0/0 de tourteaux; quel sera, à 1f,40 le kg d'huile et 0f,30 le kg de tourteau, le rendement moyen brut de 12 noyers?

166. D'après la loi et les usages locaux, on ne peut généralement planter les arbres à haute tige qu'à 2m au moins du riverain, et les arbustes qu'à 0m,50; quelle quantité de chacun des arbres précédents peut contenir un terrain carré d'un Ha? Quelle sera la valeur moyenne de la récolte quand la plantation sera en plein rapport?

167. L'Hl d'amande pèse 70kg; l'Hl de marrons, 63kg; à quel prix revient le kf de chacun de ces fruits?

168. Chaque mûrier donne en moyenne, en feuilles de printemps, 25kg, de 6 à 9 ans; 48kg, de 9 à 14 ans; 80kg, de 14 à 22 ans; 100kg, de 22 à 42 ans; 77kg, de 42 à 62 ans; quel est le revenu moyen brut de l'Ha à ces divers âges? Quel capital à 5 0/0 représente ce revenu?

75. ARBRES A PRODUITS INDUSTRIELS. *Vigne.* La vigne prospère dans presque toute la France, excepté dans les provinces du nord et de l'ouest. On plante les ceps à des distances variables dans des fossettes creusées à l'avance, ou dans de petits trous faits à la barre, ou mieux encore dans des tranchées ou *augeots*, dont le fond est garni de débris végétaux. On greffe quelquefois la vigne pour changer les espèces tout en conservant la souche. Après la plantation, la vigne exige de grands soins, et ce n'est guère que vers la cinquième année qu'elle est en plein rapport. On la taille en décembre ou en février ; on lui donne une première façon après la taille, une seconde quand les fruits sont noués, puis une troisième un peu plus tard ; on ébourgeonne et accole en avril ; on pince au moment de la floraison ; enfin on épampre pour la maturation.   Il existe un grand nombre de cépages qui diffèrent selon les pays.   *Pommier, poirier.* Ces arbres fournissent le cidre ; le premier réussit dans les sols un peu argileux ; le second, à cause de sa racine pivotante, demande une terre franche et profonde.   *Olivier.* L'olivier produit une huile recherchée ; il est sensible aux gelées et croît dans le midi de la France ; tous les terrains non humides lui conviennent.

Mûrier. Cet arbre dont les feuilles servent surtout à nourrir les vers à soie, exige peu de soins ; néanmoins il craint les gelées.

169. *L'oïdium* est une maladie qui, depuis quelques années, cause de grands dégâts dans les vignobles ; on la combat avec succès en soufrant les ceps. Le 1ᵉʳ soufrage a lieu en mai, il exige environ 15ᵏˢ de soufre à l'Ha ; le 2ᵉ se fait en juin et exige 50ᵏˢ ; le 3ᵉ, en juillet et demande 70ᵏˢ. Trouver, en admettant qu'une femme payée 1ᶠ,60 par jour puisse soufrer journellement 2000 ceps en mai, 1000 en juin, 700 en juillet, ce que coûte le soufrage de 64 ares de vigne, les ceps étant espacés de 0ᵐ,75 sur 1ᵐ,25 et le soufre valant 0,ᶠ27 le Kg?

170. On admet généralement les distances suivantes dans l'espacement des ceps des vignobles ci-après : Beaujolais 0ᵐ,80, Champagne 0ᵐ,66, Médoc 1ᵐ,20, Orléanais 0ᵐ,70, Hérault 1ᵐ,70. Combien y a-t-il de ceps par Ha dans chaque vignoble? Que vaut pour un Ha : 1° l'achat du plant à 5 fr. le mille ; 2° le prix des échalas mis à chaque cep, si la botte de 50 vaut 3ᶠ,25?

171. On commence à faire façonner la vigne à l'aide de la charrue, ce qui permet d'aller plus vite. On la plante alors en lignes distantes de 1ᵐ,30 en moyenne et on espace les ceps de 0ᵐ,60 dans les lignes. Quelle est par hectare et pour chaque façon la différence de prix et de temps entre le travail fait à la main par un homme qui façonne 4ᵃ,50 par jour à 0ᶠ,35, et une charrue traînée par un cheval faisant en moyenne 0ᵐ,70 par seconde et labourant quatre raies entre chaque rang : la journée du cheval étant de 8 heures et se payant 6 francs, conducteur compris?

172. L'emploi des pressoirs mécaniques permet d'extraire plus facilement et plus complétement le jus du raisin et des fruits. Avec un pressoir ordinaire, on obtient d'un Hl de pommes pesant 60ᵏᵍ, préalablement réduit en pulpe ou broyé, 35 p. 0/0 de jus. Avec les presses en fer, on obtient de la pulpe 70 0/0 de jus. Quand le cidre vaut 9ᶠ l'Hl, quelle est, sous le rapport seul du rendement, l'augmentation produite par ce dernier moyen d'extraction?

173. Le vin et le cidre se conservent en fûts dans un endroit frais ; ils sont sujets à quelques maladies, que l'on évite le plus souvent en les soignant bien ; voici celles qui attaquent le cidre, avec les moyens de les guérir.

Cidre plat et olivâtre : ajouter 30 *gr* d'acide tartrique par Hl; *cidre gras* (le soufrage des tonneaux prévient cette maladie) : mettre par Hl 1/2 *l* d'eau-de-vie, ou 30 *gr* de sucre ou enfin 2 à 3 *l* de poires pilées; *cidre restant trouble :* mêler 0ˡ,2 d'eau-de-vie par Hl. Que devrait-on employer dans chacun de ces cas pour traiter 950 litres de cidre?

(Voyez le Recueil, ex. 968, 980, 1075, 1439, pour les maladies et le traitement du vin).

174. Les oliviers en plein rapport doivent être espacés de 8ᵐ environ ; un Ha rapporte en moyenne 80 sacs de 39ᵏᵍ d'olives et 800ᵏᵍ de feuilles. Quel est le rendement moyen par arbre.

74. ARBRES FORESTIERS. On sème ou on plante les arbres forestiers. Quand la plantation ou la coupe est jeune, elle prend le nom de *taillis ;* à trente ans environ, c'est une *futaie.* Parmi les arbres, quelques espèces comme le charme, le frêne, l'orme, l'acacia, le tilleul, le tremble, produisent un feuillage pouvant servir à la nourriture des bestiaux; d'autres, telles que le bouleau, le frêne, le saule, le cormier et surtout le chêne, ont une écorce employée dans le tannage des cuirs. Enfin les cendres de l'aune, du charme, dn l'érable, du frêne, de l'orme, du saule, du sapin, contiennent beaucoup de potasse et sont très-propres au lessivage du linge.

75. Principaux arbres forestiers. L'olivier donne un bois excellent pour les dents de roues, écrous; il est très-estimé pour le chauffage et le charbon.   L'*aune* est très-utile aux tourneurs, aux menuisiers, pour les constructions hydrauliques, mais mauvais pour la charpente; l'écorce brunit les cuirs.   Le *bouleau* est estimé pour le charronnage, la menuiserie, la saboterie, le chauffage et le charbon; sa séve donne un assez bon vinaigre.   Le *charme* s'utilise pour les engrenages, les instruments aratoires, et le chauffage.   Le *châtaignier* donne un bois excellent pour la charpente, la boissellerie, la tonnellerie; son charbon est léger et ses fruits recherchés.   Le *chéne* est le bois par excellence; il est remarquable par sa durée; son charbon est le meilleur; ses fruits appelés glands engraissent les porcs.   L'*érable sycomore* est recherché pour la menuiserie, le charronnage; il est d'une qualité supérieure pour le chauffage et le charbon; sa séve est sucrée.   Le *frêne* s'emploie dans la menuiserie, la boissellerie, l'armurerie, la saboterie, dans la carrosserie pour faire les brancards de voiture; il fournit un bon chauffage et un bon charbon; son écorce donne une couleur bleue.   Le *hêtre* donne un bois de fente estimé des menuisiers, charrons, carrossiers, layetiers, etc., excellent pour le chauffage et le charbon. Son fruit nommé faîne donne une huile estimée ou se mêle au gland pour l'engraissement.   L'*orme* est très-bon pour les travaux sous l'eau; il sert à faire les roues d'engrenages, vis, et il est employé par les ébénistes, les charrons (ces derniers préfèrent l'orme tortillard); chauffage et charbon assez estimés.   Le *peuplier* s'emploie pour la charpente en lieu sec, la menuiserie, la sculpture, etc.; il donne un chauffage médiocre et un charbon utilisé dans la fabrication de la poudre. L'*acacia* donne un bois excellent pour la bâtisse, les constructions navales, la menuiserie, le charronnage, la fabrication des échalas.

Le *sapin* est très-bon pour la charpente; il fournit des douves, des planches; son chauffage est médiocre et son charbon est passable; la séve produit la résine et la térébenthine de Strasbourg. Le *saule* est utile pour la vannerie, les ouvrages de fente; le chauffage en est mauvais, et le charbon employé dans la poudrerie. Le *sorbier* ou *cormier* donne un bois utilisé pour les dents de roues, les vis; le chauffage et le charbon qu'il donne sont estimés; ses fruits sont bons à manger; il fournit du cidre, du vinaigre, de l'eau-de-vie.

TABLEAU DES PRINCIPAUX ARBRES FORESTIERS.

ARBRES.	SOLS CONVENABLES.	HAUTEUR MOYENNE.	DURÉE.	SEMIS. quantité à l'Ha.	SEMIS. poids de l'Ha.	POIDS du mc de bois.
		m	ans		Kg	Kg
Alisier.	Calcaires ou argileux, non profonds.	12	190	»	»	780 à 885
Aune.	Fonds humides.	20	90	12Kg	33	550 à 600
Acacia.	Sables gras.	12	100	22Kg	»	780 à 800
Bouleau.	Sable gras.	16	80	35Kg	10	700 à 715
Charme.	Pierreux et argileux.	15	150	35Kg	41	790
Châtaignier.	Légers, substantiels, profonds.	15	250	8Ht	50	635
Chêne pédonculé.	Argileux, profonds.	30	300	16Ht	57	780 à 950
Érable, sycomore.	Profonds, frais et divisés.	20	150	5Kg	12	645
Frêne.	Profonds, frais et divisés.	25	100	12Kg	18	735
Hêtre.	Pierreux, peu argileux.	40	300	6Ht	42	715 à 850
Orme.	Non marécageux, ni argileux.	25	240	18Kg	40	745 à 940
Peuplier d'Italie.	Légers et humides.	50	50	»	»	370 à 415
Sapin.	Frais et divisés.	45	300	40Kg	27	550 à 550
Saule marceau.	Gras et un peu frais.	9	60	»	»	570 à 585
Sorbier, cormier.	Calcaires, terres fortes.	15	200	»	»	900 à 915

175. Combien faut-il de Dl de graine pour semer 4ʰᵃ,50 en chacune des espèces d'arbres ci-dessus? Quel est le poids de cette semence?

176. Quand on crée un bois, on mélange ordinairement plusieurs essences ensemble. On veut mettre en bois un terrain de 6ʰᵃ20ᵃ, de manière à avoir 1/5 en charme, 1/10 en frêne, le reste en chêne; combien faut-il de Kg de semence?

177. Le bois est d'autant plus lourd qu'il est moins sec; son poids varie aussi selon les variétés et les sols qui les produisent; étant admis que le nombre le plus élevé du tableau précédent représente le poids du mc de bois encore un peu vert, quelle serait la charge de trois chevaux transportant un tronc de chêne de 6ᵐ,50 de long et 1ᵐ,40 de circonférence; deux troncs de hêtre mesurant l'un 5ᵐ,70 de long sur 1ᵐ,30 de circonférence et l'autre 6ᵐ,60 de long sur 0ᵐ,62 de diamètre ?

76. EXPLOITATION DES ARBRES. Les arbres s'exploitent à divers âges et de différentes manières, selon le parti qui semble le plus avantageux. Un Ha de taillis produit en moyenne en *stères* les quantités de bois ci-après, suivant la qualité du sol et les essences ou espèces d'arbres.

QUALITÉ DU SOL.	ESSENCES	RENDEMENT A			
		10 ans.	15 ans.	20 ans.	25 ans.
Propre à faire d'excellents prés..	Orme, frêne, chêne. . .	80	130	180	240
Id. de très-bonnes terres. .	Chêne, hêtre, tremble. .	65	95	140	180
Id. à la cult. ord., fonds froids.	Charme, tremble, aune.	55	90	125	165
Bon terrain, en coteau au nord..	Hêtre, charme, frêne. .	40	70	105	140
Médiocre et sec, en coteau. . . .	Chêne, charme, alisier.,	25	35	53	75
Mauvais, en coteau.	Id.	20	35	50	65

178. Le produit de la vente des ramilles couvre ordinairement les frais d'exploitation dans les pays de plaine, et le tiers de ceux des localités montagneuses ou en coteaux. Quel serait, à 5ᶠ,50 le *st*, le produit, aux divers âges indiqués, de ces six sols plantés en bois?

179. Voici le compte de ce qu'un taillis de 18 ans, composé de chêne, charme, hêtre, dans un sol ordinaire, peut donner en moyenne:

PRODUIT BRUT.	FAÇON.	PRODUIT BRUT.	FAÇON.
7000 paisseaux à 5^f,50 le 0/0. .	0^f,80 0/0	900 fag. à 2 liens à 55^f le 0/0.	6^f 0/0
2500 cercles à 1^f,75 les 25 . . .	1 ,20 0/0	400 fag. à ramilles à 15^f 0/0.	4^f,50 0/0
60st donnant 1/5 en charbon à		200 fag. branchages à 24^f 0/0.	5^f 0/0
2^f,50 l'Hl.	1^f,00 le st	1st,5 bois de charronn. à 55^f.	5^f le $nc.$
14st chêne p. chauffage à 8^f. . .	0^f,50 le st	6 ,2 $id.$ sciage à 45^f.	$Id.$
14 » charme $id.$ à 6^f. . .	0^f,45 le st	1 $id.$ charpente à 65^f. . .	$Id.$
17 » branchages, $id.$ à 7. . .	0^f,50 le st		

Estimez le produit net de l'Ha de ce bois? (Compte en ordre.)

180. Le bois en grume se cube au quart avec 1/5 déduit pour la charpente, 1/6 déduit pour le sciage, et sans déduction pour le charronnage. Trouver, en admettant que les arbres de l'ex. précédent vendus pour charpente avaient en moyenne 1^m,50 de tour sur 2^m,78 de long, $id.$ pour le sciage 1^m,80 de tour sur 4^m,43 de long, $id.$ livrés au charron 0^m,96 de tour sur 4^m,30 de long, combien d'arbres il a fallu pour produire le volume donné par la coupe?

181. Le meilleur *merrain*, avec lequel on fait les tonneaux, se fabrique avec le chêne. Il faut de 15 à 20 st de bois en grume pour fabriquer un millier marchand composé de 858 pièces de fonds et de 1717 douves. Le millier de merrain se vendant 650^f à 80^{Km} du lieu de fabrication, quel prix retire-t-on du st de bois, la façon coûtant 80^f et le transport étant évalué à 1^f,25 par Km?

182. Un st de bois de châtaignier donne environ 10 bottes de cercles contenant chacune, soit 12 gros cercles à tonnes, soit 24 cercles à fûts ordinaires. Les gros se vendent 120^f le mille, et coûtent 0^f,75 de fabrication par botte; les ordinaires 70^f et 0^f,50; quelle est la somme retirée net du st de bois?

77. ESTIMATION DES BRANCHAGES. Dans l'exploitation des taillis on réserve généralement pour *baliveaux* les pousses susceptibles de former de beaux arbres. On trouve la valeur de ces derniers encore debout, en cubant le tronc et en estimant approximativement le volume des branchages. (*Voyez* le Recueil, pages 104 et 105.) Ceux qui n'ont pas l'habitude de ce mode d'évaluation peuvent se servir du tableau suivant.

ÉVALUATION DES BRANCHAGES D'APRÈS LA GROSSEUR DE L'ARBRE.

POURTOUR DE L'ARBRE.	CHÊNE.		HÊTRE.	
m	st.	st.	st.	st.
0,66	0,25 à	0,50	0,33 à	0,40
1,00	0,75 à	1,00	1,00 à	1,33
1,33	1,50 à	1,66	1,66 à	2,00
1,66	2,50 à	3,00	2,00 à	3,00
2,00	4,00 à	5,00	3,50 à	5,00
2,33	5,00 à	6,00	5,00 à	6,00
2,66	7,00 à	8,00	7,00 à	8,00

183. Une coupe de bois renferme 42 baliveaux, savoir : 5 chênes de 1^m,33 de tour ; 4 autres de 1^m,66 ; 8 de 1^m, et 9 de 2^m ; 9 hêtres de 0^m,66 de tour et 7 de 2^m,33. Quel est, à 4^f,25 le st, le produit moyen es branchages?

78. VALEUR DES BOIS DE CHAUFFAGE. On exploite généralement les taillis pour le chauffage et le charbon, et on estime que le bois rend en charbon 1/3 de son volume et 1/5 de son poids. Le tableau qui suit indique la puissance calorifique des diverses espèces d'arbres forestiers.

PUISSANCE CALORIFIQUE DES BOIS ET CHARBONS.

BOIS TENDRES.	PUIS. CAL.		POIDS DU		BOIS DURS.	PUIS. CAL.		POIDS DU	
	bois rondin.	charbon.	charbon, l'Hl.	bois, le st.		bois rondin.	charbon.	charbon, l'Hl.	bois, le st.
			Kg	Kg				Kg	Kg
Aune.	76	88	14	340	Chêne.	112	146	22,5	470
Bouleau.	84	140	18,5	350	Frêne.	117	175	20	410
Charme.	122	168	15	410	Hêtre.	116	163	19	400
Saule.	75	93	14	324	Mélèze.	71	130	18	350
Sapin ordinaire.	70	113	15	270	Orme.	96	152	19,5	410
Tremble.	83	101	16	220	Pin.	120	172	17,5	420

184. La puissance calorifique ci-dessus étant relative à 1^{Kg}, refaites un tableau indiquant cette puissance par *st* de bois et par H*l* de charbon?

185. Le bois de chêne est ordinairement considéré comme type pour le chauffage et le charbon; en le prenant pour unité, faites un deuxième tableau donnant l'équivalence en *mc* des autres bois et charbons?

186. Le charbon se vend au poids ou par sac de 2^{Hl}; à $6^r,50$ le sac ou la voie de charbon de chêne, quel devrait être, relativement à la puissance calorique et au poids, le prix du double D*l* de chacun des autres charbons?

187. Pour donner le meilleur chauffage dont ils sont susceptibles, les bois tendres doivent être conservés en lieux secs et ne pas être meurtris. Le *st* de chêne valant 10^r, que vaut le *st* des autres bois, si on tient compte de leur puissance calorifique et de leur poids?

188. Que vaut une corde de bois ($4^{st},74$) composée de 3/4 de tremble et 1/4 de sapin, quand le chêne se vend $9^r,50$ le *st*.

189. Dans la fabrication du charbon, on mêle ordinairement les essences. Un charbonnier fait deux fourneaux de chacun $12^{st},8$; le 1er contient 1/4 de charme, 1/4 de hêtre et 1/2 de tremble; le 2e renferme 1/3 de chêne et 2/3 de pin; combien d'H*l* de charbon rendra chaque fourneau, et quel sera le poids moyen de l'H*l* de chaque charbon?

190. *Valeur des cendres.* Les meilleures cendres pour la lessive sont celles qui renferment le plus de potasse. 1000^{Kg} des plantes suivantes donnent en potasse, savoir : fougères 16^{Kg}; bois de saule, 3^{Kg}; branches d'orme, $3^{Kg},3$; bois d'orme, $2^{Kg},8$; sapin, 2^{Kg}; chêne, $1^{Kg},19$. Combien faut-il de *st* de ces bois pour donner 100^{Kg} de potasse?

§ IV. — ANIMAUX DOMESTIQUES.

GROS ET PETIT BÉTAIL.

79. ANIMAUX DOMESTIQUES. Les bestiaux nous sont indispensables : ce sont nos serviteurs; nous devons donc les traiter avec douceur, les tenir propres, en avoir le plus grand soin et ne jamais les fatiguer inutilement.

Pour propager les espèces, on doit faire choix des plus beaux reproducteurs : les belles races de bestiaux ne dépensent pas plus que les mauvaises et rapportent bien davantage. Le temps nécessaire à la gestation des animaux et à l'incubation des volailles, ainsi que la durée approximative de leur vie, sont indiqués dans le tableau suivant :

| ANIMAUX. | GESTATION. DURÉE | | | DURÉE DE | | ANIMAUX. | GESTATION. DURÉE | | | DURÉE DE | |
	faible.	ordinaire.	forte.	la croissance.	la vie.		faible.	ordinaire.	forte.	la croissance.	la vie.
	j.	j.	j.	mois	ans		j.	j.	j.	mois	ans
Jument. . .	287	330	419	36	25	Chienne. . .	55	60	63	20	13
Anesse. . .	305	380	391	30	20	Lapine. . .	20	28	35	10	12
Vache. . .	240	270	321	36	20	Oie. . . .	27	30	32	10	14
Chèvre. . .	140	150	160	30	»	Gore . . .	28	30	32	8	14
Brebis. . .	146	150	161	20	15	Dinde. . .	24	26	30	10	12
Truie. . .	109	126	143	24	13	Poule. . .	19	21	24	8	12

101. Indiquez chaque temps en mois et jours?

80. ALIMENTATION, ENGRAISSEMENT. Le cultivateur a intérêt à bien nourrir ses bestiaux; car bien nourris, ils fournissent un meilleur travail, plus de lait, et engraissent plus vite. La principale nourriture des chevaux est l'avoine, puis l'orge; celle des autres animaux consiste surtout en plantes fourragères, en racines, et en tubercules. Le SEL est salutaire aux bestiaux dont il excite l'appétit. On doit donner aux animaux à l'étable leurs aliments à des heures fixes, les faire boire après leur repas, et les laisser digérer en repos.

80 bis. VALEUR NUTRITIVE DES ALIMENTS. La ration nécessaire à chaque animal est réglée d'après son poids et sa destination; elle varie aussi suivant la valeur nutritive des aliments. Le tableau suivant indique le dosage en azote et en matières grasses de 100 Kg de nourriture à l'état ordinaire de dessiccation.

ALIMENTS.	AZOTE.	MATIÈRE grasse.	ALIMENTS.	AZOTE.	MATIÈRE grasse.	ALIMENTS.	AZOTE.	MATIÈRE grasse.
Fourrages.			*Racines.*			*Grains.*		
Foin ordinaire...	1,2	3,8	Betterave champ⁵.	0,2	0,1	Orge......	2,1	2,8
Id. regain.....	2	3,5	*Id.* rouge..	0,5	0,1	Avoine.....	1,9	5,5
Id. trèfle rouge..	1,6	3,2	Rutabaga.....	0,2	0,05	Maïs.......	2	7
Id. luzerne....	1,9	3,5	Navet jaune....	0,3	0,2	Sarrasin.....	2	3
			P. de terre jaune.	0,4	0,2	Vesce, gesse.	4,4	2,7
Fourr. verts.			Topinambours...	0,3	0,3	Féveroles...	5,1	2
			Pulpe de betterav.	0,4	0,1	Gros son...	1,9	4
Maïs........	1	0,9						
Luzerne fleurie...	0,4	0,8	*Pailles.*			*Divers.*		
Trèfle id.....	0,5	0,9						
Chou........	0,4	0,9	Froment......	0,5	2,4	Marc de raisin	0,6	1,7
Feuilles betteraves.	0,4	0,6	Seigle.......	0,2	1,5	Citrouille...	0,2	0,05
Id. carottes..	0,5	1	Orge........	0,3	1,7	Tourt. colza.	4,9	10
Vesce en fleur...	0,7		Avoine.......	0,3	5,1	*Id.* noix...	5,2	9

192. Le bon foin sec est considéré comme l'aliment type. Combien faut-il de Kg de chacune des substances précédentes pour contenir : 1° autant d'azote, 2° de matière grasse que 100ᴷᵍ de foin ordinaire ? (Tableau à faire.)

193. Quand le foin vaut 6ᶠ le quintal métrique, quel doit être, relativement à l'azote, le prix du quintal des autres fourrages ?

194. A 8ᶠ,50 l'Hl d'avoine, que valent les autres grains sous le rapport de l'azote, puis des matières grasses ? (Voy. le poids des céréales, tableau du n° 57.)

195. L'analyse et l'expérience démontrent que dans les fourrages et dans les pailles, les fleurs ou les épis, et les feuilles sont les parties les plus nourrissantes; on a trouvé par Kg de fourrage sec, les quantités suivantes d'azote :

PLANTES SÈCHES.	FLEURS.	FEUILLES.	PARTIES supérieure des tiges.	PARTIE inférieure des tiges.	FOURRAGE entier.
Trèfle ordinaire (1ʳᵉ coupe).....	29g	32g	15g	9g	19g
Luzerne (1ʳᵉ coupe)...........	37	34	19	12	22
Sainfoin (1ʳᵉ coupe)..........	30	24	14	13	17
Id. (2ᵉ coupe)............	»	26	13	11	15

196. Que valent les fleurs, les feuilles et la partie supérieure des tiges relativement au fourrage entier?

197. Un cultivateur a laissé perdre, en transportant sa récolte de trèfle, environ 120kg de fleurs ou *fleurain*, et à peu près 80kg de feuilles; à quel poids du fourrage entier équivaut l'azote des parties abandonnées ainsi à tort?

81. RATION DES ANIMAUX. Pour bien nourrir les animaux on leur donne chaque jour, en foin ou en nourriture équivalente, les rations suivantes par 100 Kg de poids vif :

Cheval de travail . . . 4kg		Vache à l'engrais . . 5kg
Bœuf de trait 3		*Id.* laitière 5
Id. à l'engrais. . . . 5		Mouton à l'engrais. . 5
Vache au régime ordinre. 3,5		Porc à l'engrais. . . 6

Généralement, dans chaque espèce, les petits animaux consomment un peu plus que les gros proportionnellement à leur poids.

82. CLASSIFICATION DU BÉTAIL. Le bétail se divise en animaux de travail et en animaux de rente; ces derniers qui ne font rien, servent seulement à produire le lait, la viande, etc.

TABLEAU DES DIVERSES ESPÈCES DE BESTIAUX.

ESPÈCES.	GROS bétail.	SELON LA RACE.		ESPÈCES.	PETIT bétail.	SELON LA RACE	
		hauteur à l'épaule.	poids en bonne chair.			hauteur à l'épaule.	poids en bonne chair.
		m m	Kg Kg			m m	Kg Kg
Bovine.. . { Bœuf. .	1,2 à 1,6	300 à 800	*Ovine .* . { Mouton. . . .	0,6 à 0,8	25 à 60
Vache..	1,0 à 1,5	200 à 500	Brebis.. . . .	0,5 à 0,7	20 à 45
Chevaline. . Cheval.	1,1 à 1,7	250 à 700	*Caprine .* Chèvre. . . .	0,5 à 0,7	15 à 30
Mulassière . Mulet. .	1,1 à 1,5	250 à 500	*Porcine..* { Porc français.	0,5 à 0,8	100 à 200
Asine. . . . Ane.. .	1,0 à 1,4	150 à 400	*Id.* anglais .	0,5 à 0,7	150 à 300

198. Quel poids de foin ordinaire faut-il par jour pour nourrir aux régimes précédents chaque tête de gros bétail des poids maximum et minimum indiqués.

199. A quel poids en foin équivaut par mois la nourriture de 22 vaches laitières pesant en moyenne 350^{kg}; quelle étendue de prairie naturelle irriguée fournirait ce fourrage?

200. Si l'on nourrissait pendant deux mois d'hiver 4 chevaux de 400^{kg} avec du trèfle, quel poids en faudrait-il et quelle étendue de terrain serait nécessaire pour produire cette nourriture?

Espèce bovine.

L'espèce bovine est la plus utile; elle comprend trois classes : les animaux destinés au travail, ceux qui donnent beaucoup de lait, ceux qui engraissent aisément.

85. Races a lait. Les aliments donnés aux vaches doivent être très-nutritifs et distribués à des heures fixes. Les fourrages verts et juteux contribuent à l'abondance du lait; l'avoine, les féveroles, le foin de trèfle alternant avec un peu de pommes de terre et de betteraves cuites, produisent un lait meilleur; les tourteaux, l'orge, le maïs cuit et un peu de racines, donnent un lait plus riche en beurre.

RENDEMENT JOURNALIER ORDINAIRE DES MEILLEURES VACHES LAITIÈRES.

RACES.	PRODUCTION en lait.	RENDEM^t P. 0/0 DU LAIT.	
		en crème.	en beurre.
Flamande (Nord)	30^l	10^{Kg}	4^{Kg}
Normande et Cotentine.	25	10	4
Salers (Cantal).	15	11	3,5
Aubrac (Gers).	12	11	4
Bretonne (Bretagne).	10	12,5	5
Hollandaise (Pays-Bas).	15	7,5	3
Schwitz (Suisse).	25		3,5

201. La production du lait est abondante environ quatre mois par an pour les vaches mères, puis diminue à peu près du quart chaque mois jusqu'au huitième où elle cesse. Quelle est la production annuelle, puis moyenne par chaque jour de l'année, des vaches mères du tableau précédent?

202. Les vaches cotentines et normandes produisent les beurres recherchés d'Isigny, de Gournay, etc. Quand ce beurre vaut à Paris 3^f le Kg (frais payés), à quel prix revient le litre de lait?

203. C'est en vendant le lait au détail qu'on en tire le parti le plus avantageux. Quand on trouve à vendre le lait $0^f,20$ le litre, quel est le produit brut par mois de trois vaches bretonnes?

204. Les vaches flamandes et normandes consomment à peu près l'équivalent de 25^{Kg} de regain par jour; les bretonnes 10^{Kg}. Quand le foin vaut $6^f,50$ les 100^{Kg} et le beurre $2^f,50$ le Kg, trouver le bénéfice fait sur chaque animal, en admettant que les frais divers sont payés par le fumier?

205. On admet que le lait produit 0,20 de son poids en fromage de Neufchâtel ou de Brie frais; 0,10 en façon Gruyère gras; 0,07 en Gruyère maigre; 0,20 en fromage d'Auvergne ou de Roquefort frais. Combien faut-il de l de lait pesant $1^{kg},03$ pour produire 1^{Kg} de ces divers fromages?

206. Le poids du veau naissant est ordinairement 1/15 de celui de la mère; l'engraissement dure six semaines et exige environ 15^l de lait par jour. Si 12^l de lait donnent 1^{Kg} de viande à $1^f,30$, quelle augmentation aura dû prendre le veau pendant l'engraissement; à quel prix revient le litre de lait consommé?

84. Bœufs et vaches a l'engrais. Les animaux engraissés à l'étable doivent être tenus chaudement, dans une demi-obscurité et un repos absolu. On leur donne au début de l'engrais une nourriture aqueuse, puis, vers la fin, des aliments plus nutritifs et contenant des principes gras.

207. Une bonne ration à donner à un bœuf à l'engrais du poids moyen de 400^{Kg} est celle-ci : au commencement, 15^{Kg} de betteraves, $7^{Kg},5$ de regain, 3^{Kg} d'orge; au milieu, $2^{Kg},$ de betteraves, $7^{Kg},5$ de regain et $5^{Kg},5$ de sarrasin; à la fin, 10^{Kg} de betteraves, 10^{Kg} 1/2 de regain et $7^{Kg},5$ de maïs. Trouver, en estimant la betterave 18^f les 1000^{Kg}, le regain $4^f,50$ les 100^{Kg}, le grain 10^f l'Hl de 65^{Kg}, et en admettant que l'engraissement dure du 1er novembre au 25 février et se partage en trois périodes égales, ce que vaut la nourriture consommée?

208. ÉQUIVALENTS NUTRITIFS. Les éleveurs admettent que 100^{kg} de bon foin peuvent se remplacer par chaque poids de substances suivantes. *Fourrages secs :* Luzerne et sainfoin 90^{kg}, vesces 95^{kg}.   *Racines e tubercules :* Betteraves 320^{kg}; carottes 275^{kg}; raves et navets 500^{kg}; pommes de terre 200^{kg}; topinambours 210^{kg}.   *Grains :* Vesce 45^{kg}; maïs 40^{kg}; avoine 55^{kg}; orge et sarrasin 50^{kg}; féveroles 46^{kg}.   Ils admettent aussi que 100^{kg} de foin ou de nourriture équivalente produisent 5^{kg} d'accroissement chez le bœuf à l'engrais.   A quel prix revient, pour chaque période, le Kg. d'augmentation du bœuf précédent (Ex. 207)?

RENDEMENT DES ANIMAUX ENGRAISSÉS.

DEGRÉ D'ENGRAISSEMENT DES ANIMAUX.	RENDEMENT P. 0/0.				PRIX DU Kg DE			
	viande.	suif.	peau.	issues.	viande.	suif.	peau.	issues.
					f	f	f	f
Bœuf, 1er choix.	60	10	4	15	1,5	1,1	0,9	0,2
Id. gras.	54	8	6	16	1,4	1,1	0,9	0,2
Vache, très-grasse.	55	9	5	16	1.4	1,1	0,8	0,2
Id. en viande.	50	7	7	18	1,2	1,1	0,8	0,2
Id. en bon état.	45	5	8	20	1,1	1,1	0,8	0,2
Veau, 1er choix.	62	6	7	10	1,8	1,0	0,7	0,2

209. Le rendement indiqué dans ce tableau ne comprend pas le sang, les excréments et les parties inutiles que le boucher peut convertir en très-bon engrais; quel est pour chaque animal ce rendement p. 0/0?

210. Que vaut en réalité pour le boucher un bœuf gras de 740^{Kg}, une vache en bon état de 415^{kg}, un veau 1er choix de 84^{kg}?

211. Le suif, la peau et les issues servent à indemniser les bouchers de leurs frais et des pertes qu'ils éprouvent sur la vente des bas morceaux; ils payent donc à l'acheteur seulement le poids net de viande que l'animal est présumé pouvoir donner. Quand le bœuf vaut 1^{f},65 le Kg et la vache 1^{f},30, combien peut-on espérer vendre un bœuf gras pesant 610^{Kg} et une vache en viande du poids de 375^{Kg}? Quelle est la valeur des parties abandonnées au boucher?

212. Un éleveur a deux vaches à vendre pesant chacune 425^{Kg}; la 1re est très-grasse et l'autre en bon état. On lui offre 280^{f} de la 1re et 250^{f} de la 2e; laquelle est payée le meilleur marché par Kg de viande?

213. *Détail du bœuf.* Le bœuf se détaille chez les bouchers en un grand nombre de morceaux de qualité et de prix différents. Un bœuf 1ᵉʳ choix de 700ᴷᵍ vif a produit : (1ʳᵉ catégorie) aloyau, 46ᴷᵍ à 2ᶠ,20 ; gite à la noix, 23ᴷᵍ à 1ᶠ,70 ; culotte, 20ᴷᵍ à 1ᶠ,60 ; tende et tranche grasse, 55ᴷᵍ,5 à 1ᶠ,70 ; (2ᵉ catégorie) côtes, 42ᴷᵍ à 1ᶠ,70 ; talon de collier, 8ᴷᵍ à 1ᶠ,50 ; paleron et bavette, 69ᴷᵍ à 1ᶠ,40 ; rognons, 16ᴷᵍ à 1ᶠ,20 ; (3ᵉ catégorie) plats de côte, 19ᴷᵍ à 1ᶠ,20 ; collier et pis, 83ᴷᵍ à 1ᶠ,10 ; gites et surlonges, 35ᴷᵍ à 1ᶠ ; toile et joue, 4ᴷᵍ,450 à 0ᶠ,80. Quel est le prix moyen du Kg pour chaque catégorie, puis pour l'animal entier ?

214. *Détail du veau.* Le veau se détaille comme il suit :   Par exemple, un veau de 85ᴷᵍ net donne : (1ʳᵉ catégorie) cuissot, longe, rognons, 42ᴷᵍ,500 à 1ᶠ,80 ; carré, 12ᴷᵍ,500 à 1ᶠ,60 ; (2ᵉ catégorie) épaule et poitrine, 23ᴷᵍ,300 à 1ᶠ,30 ; collier, 5ᴷᵍ,800 à 1ᶠ,10. Combien le boucher doit-il payer le Kg en moyenne au plus pour ne pas y perdre ?

85. Bœufs de travail.

Les meilleures races pour le travail sont celles de *Salers* (Cantal), d'*Aubrac* (Aveyron), *Limousine* (Haute-Vienne), *Choletaise* (Vendée), *Bretonne* (Bretagne), *Bazadaise* (Gironde). Le travail des bœufs est très-uniforme ; ces animaux sont robustes, d'un entretien facile, et ils conservent toujours la même valeur.

215. Une bonne paire de bœufs limousins coûte environ 800ᶠ ; elle fournit 300 jours de travail de 5 heures. Chaque animal consomme journellement, pendant 165 jours d'été, 40ᴷᵍ de fourrages verts à 12ᶠ les 1000ᴷᵍ, et 6ᴷᵍ de paille à 3ᶠ les 100ᴷᵍ ; puis le reste du temps, 20ᴷᵍ de racines à 14ᶠ les 1000ᴷᵍ ; 5ᴷᵍ de foin à 5ᶠ les 100ᴷᵍ et 4ᴷᵍ de paille à 3ᶠ les 100ᴷᵍ.

Trouver, en estimant 20ᶠ l'entretien des harnais, etc., à quel prix revient l'heure du travail ? On tiendra compte de l'intérêt du prix des bœufs à 5 p. 0/0.

ESPÈCES CHEVALINE, MULASSIÈRE, ASINE.

86. Espèce chevaline. Le cheval exige beaucoup de soins et une grande propreté, surtout quand il est jeune. Lorsqu'il travaille, il doit consommer, en moyenne par heure, de 1ˡ à 1ˡ,2 d'avoine. Les meilleures races de gros trait sont les suivantes : *boulonnaise* (Pas-de-Calais), *flamande* (Nord), *picarde* (Somme), *poitevine* (Deux-Sèvres), *franc-comtoise* (Doubs). Les plus estimées pour la charrue et le carrosse sont les races *percheronne* (Eure-et-Loir), *bretonne* (Finistère), *lorraine* (Meurthe), *landaise* (Landes), *ardenaise* (Ardennes).

87. Espèce mulassière. Le mulet est le produit de la jument et du baudet. Cet animal est sobre et supporte bien la fatigue ; il est très-utile dans les pays montagneux à cause de la sûreté de ses pieds.

88. Espèce asine. L'âne remplace le cheval dans les contrées pauvres ou morcelées ; il est extrêmement facile à nourrir. Pour obtenir un bon travail de l'âne et du mulet, on doit les traiter avec douceur dès leur jeune âge.

216. Le cheval fait par heure en moyenne, au petit pas, 4500^m, au pas allongé 5400^m, au trot 8200^m, au grand trot 11500^m; combien de minutes met-il pour faire 1^{Km} à chaque allure ?

217. Un cultivateur envoie à 21^{Km} une charrette chargée qui doit revenir à vide. L'attelage ira au petit pas à l'aller et au pas allongé au retour; combien de temps mettra-t-il à faire ce voyage en se reposant trois heures avant de revenir?

218. *Prix de revient du travail du cheval de trait.* Un cheval de quatre ans coûte environ 500^f; il consomme par jour : avoine, 14^f à 9^f l'Hl, foin, 10^{Kg} à 5^f les 100^{Kg}; son, 1^{Kg} à 12^f les 100^{Kg}, et il fournit 300 journées de travail de 10 heures. Trouver à quel prix revient l'heure de ce travail, en comptant : 1° 10 p. 0/0 du prix d'achat pour l'amortissement et 5 p. 0/0 pour l'intérêt du même capital, 2° 50^f pour l'entretien des harnais et le ferrage ?

(Comparez ce prix avec celui du travail du bœuf de l'exercice 215.)

219. Pour rafraîchir les chevaux, on substitue ordinairement à la ration précédente, du 1er avril au 15 juin, le régime quotidien suivant: fourrage vert 30^{Kg} à 13^f les 1000 ^{Kg}, avoine 6^f à 9^f l'Hl. Modifiez et refaites le compte précédent d'après ces nouvelles données?

ESPÈCES OVINE ET CAPRINE.

89. Espèce ovine. Les moutons sont élevés en vue de leur chair et de leur laine. Les races qui s'engraissent le plus facilement et fournissent la meilleure viande sont les suivantes : *solognote, landaise, bretonne, ardennaise, vosgienne, berrichonne*, etc., *dishley, southdown*, de la *Charmoise*; celles dont la laine est surtout préférée sont les races *mérinos, roussillonnaise, arlésienne, métis-mérinos*, etc. Le mouton est sujet à beaucoup de maladies et exige de grands soins.

90. ESPÈCE CAPRINE. La chèvre se plaît dans les pays montagneux; son alimentation est facile; le lait qu'elle fournit sert à fabriquer de nombreuses sortes de fromages; mais sa chair est de médiocre qualité.

RENDEMENT DE QUELQUES RACES DE MOUTONS.

RACES.	RENDEMENT P. 0/0.				TOISON.	
	MOUTONS, 1ᵉʳ CHOIX.		MOUTONS, 2ᵉ CHOIX.		poids non lavée.	Perte au lavage à dos.
	viande.	suif.	viande.	suif.		
Southdown . .	58	6	50	4	Kg 3,5	35 p. 0/0
Dishley.. . . .	55	6	50	4	3,5	30
Solognote . . .	54	6	48	4	1,5	40
Mérinos. . . .	50	5	42	3	6,0	55
Arlésienne. , .	50	5	40	3	4,5	50

220. La viande du mouton de 1ᵉʳ choix se vend en moyenne 1ᶠ,60 le Kg; celle de 2ᵉ choix, 1ᶠ,40. Quel prix peut-on espérer retirer de 20 solognots, 1ᵉʳ choix, pesant en moyenne 35ᴷᵍ; de 12 southdowns, 2ᵉ choix, du poids moyen de 55ᴷᵍ; de 15 Dishley, 1ᵉʳ choix, pesant 80ᴷᵍ; le suif, la peau et les abats étant considérés comme bénéfice du boucher et servant à l'indemniser d'ailleurs de ses frais et de ses pertes?

221. Trouver le bénéfice brut du boucher sur chaque mouton de l'ex. précédent, en estimant la peau en laine des solognots 4ᶠ, celle des southdowns 6ᶠ,50, et celle des dishley 6ᶠ, puis le suif 1ᶠ,15 le Kg, et les issues 0ᶠ,50 par tête?

222. La laine non lavée des mérinos et des arlésiens vaut en moyenne 2ᶠ,50 le K*g*; celle des southdowns et des dishley 2ᶠ,20; celle des solognots 1ᶠ,80; quel est le produit annuel de chaque mouton en laine? Que vaudrait le K*g* de laine de chacun lavée à froid?

223. On obtient par le dégraissage à fond: de la laine en suint, 20 à 40 p. 0/0; *id* lavée à dos, 60 à 75 p 0/0; *id*. lavée à chaud, 80 à 93 p. 0/0; *id*. lavée à froid après la tonte, 71 à 78 p. 0/0. Quand la laine parfaitement dégraissée se vend 6ᶠ le K*g*, que vaut-elle dans chacun des quatre états précédents?

224. Les moutons sont nourris dans les pâturages, pacages, jachères et reçoivent par jour, en rentrant à la bergerie, une ration de 1ᴷᵍ,500 de paille d'avoine. L'hiver on donne par tête, le matin, environ 1ᴷᵍ de foin ou regain, et le soir 1ᴷᵍ,500 de racines avec 1/2 K*g* de paille pour litière. Trouver, en comptant deux mois d'hiver, la quantité de fourrage nécessaire chaque année pour 100 moutons?

225. Les moutons engraissés à la bergerie reçoivent le 1ᵉʳ mois, 3ᴷᵍ de racines en 2 fois, 1ᴷᵍ de regain, paille à discrétion; le 2ᵉ mois, 4ᴷᵍ de racines, 1/2 K*g* de foin, 1/2 K*g* de grains concassés, paille à volonté; le 3ᵉ mois, 1ᴷᵍ,500 de tourteau ou grains concassés, paille à volonté. Trouver, en estimant le grain et le tourteau 0ᶠ,20 le K*g*, le foin 5ᶠ les 100ᴷᵍ, les racines 18ᶠ les 1000ᴷᵍ, la paille et les soins 0ᶠ,08 par jour et par tête, de combien doit augmenter chaque mouton pour payer sa dépense pendant les trois mois qu'il a mis à s'engraisser, la viande valant 1ᶠ,75 le K*g*?

226. *Détail du mouton*. Un mouton de 26ᴷᵍ,6 se détaille ordinairement comme il suit en boucherie : (1ʳᵉ catégorie) gigot et carré, 17ᴷᵍ à 1ᶠ,90; (2ᵉ catégorie) épaules, 4ᴷᵍ,500 à 1ᶠ,50; poitrine, 2ᴷᵍ,600 à 1ᶠ,25 collet, 2ᴷᵍ,5 à 0ᶠ,90. Quel est le prix moyen du K*g*?

227. Une chèvre bonne laitière donne, pendant quatre mois, 5ˡ de lait par jour; quelle moyenne cela fait-il par chacun des jours de l'année?

ESPÈCE PORCINE.

91. Le porc est un animal fort précieux pour les habitants des campagnes; il s'engraisse avec facilité, souvent à peu de frais, et donne une chair très-nourrissante. Le porc à l'engrais doit toujours avoir une bonne litière, un logement chaud en hiver et frais en été, puis des aliments à discrétion. Il existe un grand nombre de races de porcs : les plus estimées sont celles qui sont précoces, dont la chair est de bonne qualité et les os petits, comme le craonnais, l'augeron et la plupart des races anglaises.

RENDEMENT DES PRINCIPALES RACES ENGRAISSÉES.

RACES FRANÇAISES.	POIDS BRUT des porcs gras.	RENDEMENT P. 0/0.				RACES ANGLAISES.	POIDS BRUT des porcs gras.	RENDEMENT P. 0/0.			
		viande.	tête.	ratis, crépine, fressure (1).	sang, intestins (2).			viande.	tête.	ratis, crépine, fressure.	sang, intestins.
	Kg						Kg				
Augeronne. . .	255	82	4	4	5	Hampshire. . .	285	83	5	3	6
Craonnaise. . .	230	83	3	4	5	Essex.	225	80	5	4	4
Normande . . .	270	80	5	5	4	Middlesex. . . .	180	86	4	5	3
Périgourdine. .	285	84	3	5	5	New-Leicester .	220	84	4	5	4
Leicester-craon.	255	81	5	4	4	Essex-Bershire.	130	78	7	4	5

228. Quel est le rendement de chacun des porcs précédents? Combien de matières perdues par animal ?

229. Quand on achète un porc gras, on paye seulement la viande nette qu'il peut donner, sans tenir compte de la tête et des autres débris. Si la viande de porc vaut 1ᶠ,40 le Kg, que coûtera chacun des porcs ci-dessus? Trouver, en estimant la tête 0ᶠ,60 le Kg, les ratis, fressure et crépine 0ᶠ,70 le Kg, le sang et les intestins 0ᶠ,40 le Kg, la valeur de ces débris? De combien cela diminue-t-il le prix du Kg de viande nette ?

230. L'âge et la manière dont le porc a été engraissé influent beaucoup sur son rendement ; on admet que plus l'animal est pesant, relativement à sa race, plus il rend p. 0/0 de son poids en matières utiles. Voici le rendement moyen par rapport au poids brut :

____

(1) Le *ratis* est la graisse qu'on obtient en ratissant les boyaux ; la *fressure* comprend le cœur, les poumons et le foie.

(2) Selon l'engraissement la quantité de sang est de 4 à 8 p. 0/0 dans les races françaises, et de 2 à 5 p. 0/0 dans les races anglaises précoces.

De 50 à 100^{Kg} . . . . 70 à 75 p. 0/0
De 100 à 150   . . . . 76 à 80 —
De 150 à 200   . . . . 81 à 84 —
De 200 à 250   . . . . 84 à 86 —

Quel est le rendement présumable de quatre porcs craonnais pesant 70^{Kg}, 120^{Kg}, 180^{Kg}, 225^{Kg} en vie? (Prendre la moyenne du rendement.)

231. La viande d'un porc gras se classe ordinairement ainsi :

Viande de 1re qualité 84 p. 0/0
id.   2e qualité 0 —
id.   3e qualité 10 —

Combien de Kg de viande de chaque qualité donnera chacun des deux premiers porcs français du tableau précédent (n° 91)?

232. Tout dans un porc est utilisé : les *soies* servent à faire des brosses rudes ou sont employées par les cordonniers; elles se vendent 5^f le Kg et bien plus quand elles sont longues, fermes et bien triées. Un porc pouvant en donner de 5 à 7 Hg, que représente ce produit?

233. Les porcelets pèsent en moyenne 1^{Kg},2 à leur naissance; quand ils sont bien nourris, ils augmentent chaque jour de 300 à 500 gr, jusqu'à 12 ou 15 mois, selon leur précocité; si, au bout de ce temps, on les engraisse, ils peuvent augmenter journellement de 500 à 700 gr pendant les 80 jours que dure à peu près cet engraissement. Quel poids peut atteindre un porc que l'on met à l'engrais à 14 mois, pendant 80 jours?

234. Les racines et les tubercules cuits avec des choux, ou avec des criblures de céréales, le son, le marc de raisin, etc., nourrissent très-bien les porcs au début de l'engrais. Les eaux grasses, les débris de la laiterie épaissis avec des farines d'orge ou de pois, le gland, le maïs, achèvent parfaitement l'engrais. Suivant Mathieu de Dombasle, 2^{Dl},5 d'orge à 1^f,25 et 5^{Dl} de pois à 1^f,75 mangés dans 23 jours produisent 12^{Kg} d'augmentation; à quel prix revient le Kg d'accroissement?

235. Pour produire 100^{Kg} de poids vif, un porc doit consommer, dit-on, 416^{Kg} de seigle cuit, ou 480^{Kg} de farine d'orge, ou 568^{Kg} de sarrasin cuit, ou 820^{Kg} de son, ou 2000^{Kg} de pommes de terre, ou 2840^{Kg} de carottes cuites. A quel prix reviennent les 100^{Kg} de chaque nourriture, le Kg de porc valant 1^f,40 le Kg?

BASSE-COUR.

92. Les volailles forment un des bons produits de la

ferme : une ménagère active doit s'attacher à en élever le plus possible. Voici quelques détails sur celle dont on s'occupe le plus :

Poules. La *poule* comprend un grand nombre de races, les unes se recommandant par leurs œufs, les autres par leur chair. La nourriture de la poule pondeuse se compose principalement de menus grains de céréales ; celle des poules à l'engrais, de son et de pâtées ; toutes aiment les petits vers qu'elles cherchent en grattant la terre. Dindons. Le *dindon* se plaît dans les contrées sèches et calcaires ; il est robuste et fournit une très-bonne chair. Les petits dindonneaux aiment une chambre chaude ; vers l'âge de trois mois, ils prennent le *rouge :* on leur donne alors des graines alimentaires, et on ne leur laisse point manger d'herbe. Oies. L'*oie* s'élève avec facilité ; outre la chair, elle donne des plumes à écrire et du duvet. Canards. Le *canard* se plaît dans l'eau et vient très-facilement sur le bord des ruisseaux. Pigeons. Le *pigeon* prend une partie de sa nourriture dans la campagne ; il aime à se percher sur les toits.

POIDS ET RENDEMENT MOYEN DES OISEAUX DE BASSE-COUR.

RACES DE POULES.	POIDS		OEUFS		AUTRES OISEAUX.	POIDS DU SUJET.	OEUFS PONDUS.		DUVET donné par an.
	du coq.	de la poule.	nombre annuel.	poids de l'œuf.			NOMBRE annuel.	poids de l'œuf.	
	Kg	Kg				Kg			
Poule commune .	2	1,5	90	50g	Cane de Rouen..	2,5	40	65g	50g
Id. de Houdan.	3,25	2,5	100	55	Oie commune . .	3	15	140	120
Id. Grèvecœur.	3,75	3	70	65	Id. de Toulouse.	5	12	150	130
Id. de la Flèche.	3,75	3	70	60	Dinde	3,5	30	80	»
Id. de Cochinchine.	4,50	3	120	50	Pigeon mondain.	0,4	15	20	»

236. Quand les œufs de poule commune valent 0ᶠ,80 la douzaine, quel doit être relativement au poids le prix de ceux des autres volailles?

237. A quel prix revient la douzaine d'œufs de poule crèvecœur, si chacune a consommé dans son année 4ᴰˡ,3 d'orge à 1ᶠ,25, on tiendra compte, à 2ᶠ,50 le Kg, de l'augmentation de poids qui a été de 0ᴷᵍ,750 pour chacune? Quelle est en *gr* la ration moyenne journalière?

238. Un oreiller exige pour 11ᶠ,25 de duvet à 4ᶠ,50 le 1/2 Kg; combien faut-il d'oies communes pour donner ce duvet?

239. Les poulets houdans et crèvecœurs s'engraissent à l'âge de 4 mois avec 4ᴷᵍ de farine de maïs à 0ᶠ,25, délayés dans 4ˡ de lait à 0ᶠ,20. Avant l'engraissement, ils pèsent en moyenne 1ᴷᵍ,100 et valent 1ᶠ,25 le Kg; après, 2ᴷᵍ,500 et se vendent 2ᶠ,60 le Kg. Quel est par l'engraissement le bénéfice produit par chacun?

240. Les éleveurs engraissent les poulardes de La Flèche et du Mans avec des pâtons composés de farine de céréales et de lait. Dans les 40 jours que dure l'engraissement, une poularde mange 1ᴰˡ,5 de sarrasin à 1ᶠ,50; 1ᴰˡ d'orge à 1ᶠ,50; 0ᴰˡ,5 d'avoine à 0ᶠ,75; elle pèse alors 3ᴷᵍ net et se vend 3ᶠ,60 le Kg. Si le sujet valait 1ᶠ,50 avant l'engraissement, qu'a rapporté cette opération?

241. Avant l'engraissement, l'oie pèse environ 5ᴷᵍ et vaut 0ᶠ,90 le Kg, le dindon 5ᴷᵍ et se vend 1ᶠ le Kg. Pendant l'engr., qui commence à 8 mois et dure 24 jours, chaque volaille consomme 12ˡ de lait et 12ᴷᵍ de farine de maïs en boulettes; son poids double, et la valeur de sa chair augmente de 1/4 pour l'oie et de 1/2 pour le dindon. Quel bénéfice brut donne chacune, le lait valant 0ᶠ,20 le litre, et le maïs 0ᶠ,25 le Kg?

INSECTES INDUSTRIEUX.

95. Vᴇʀ-ᴀ-sᴏɪᴇ. Le *ver-à-soie* est une chenille grisâtre qui, après avoir changé 4 fois de peau, file un cocon dont on obtient la soie; il se nourrit des jeunes feuilles du mûrier. L'éducation du ver-à-soie dure environ 2 mois; elle est assez facile, très-productive, mais exige une grande propreté ainsi qu'une température élevée et uniforme. Quand les cocons sont formés, on fait périr la *chrysalide* qu'ils renferment, puis on dévide la soie. Lorsqu'on veut obtenir des *graines* de vers-à-soie, on laisse sortir le papillon, afin qu'il ponde des œufs que l'on conserve pour l'année suivante.

ÉDUCATION DE 30^{gr} (1 ONCE) D'ŒUFS DE VERS-A SOIE.

AGES. DURÉE.	CONSOMMATION JOURNALIÈRE en Kg de feuilles mondées.										ESPACE NÉCESSAIRE	TEMPÉRATURE MOYENNE
	1er j.	2e j.	3e j.	4e j.	5e j.	6e j.	7e j.	8e j.	9e j.	10e j.		
1er âge (5 j.)	0,42	0,66	1,44	0,66	0,18						mq 1	19°
2e » (4 »)	2,16	3,24	3,60	1,08							2	14°
3e » (6 »)	3,24	10,32	10,80	6,	3,12	»					5	15°
4e » (7 »)	11,16	18,72	25,20	28,01	14,94	3,24	»				12	16°
5e » (10 »)	20,16	31,5	44,04	62,52	89,14	107,4	103	72	58	27	27	16

RENSEIGNEMENTS DIVERS.

Rend^t des 30 g. d'œufs.	35000 œufs; ou 25000 cocons de 25 valant 6 f. le Kg.
id. de 1Kg de cocons.	Soie grège 0, Kg 100 à 90 f., et frison 0, Kg 03 à 25 f.
id. de 1Kg de coc. à graine.	100000 œufs à 200 f. le Kg.

242. La quantité de nourriture indiquée au tableau précédent se donne généralement en quatre repas. Combien de *Kg* de feuilles exige chaque âge? Combien ce poids de nourriture égale-t-il de fois celui des graines employées?

243. Un éducateur a fait éclore 25 *g* de graines de vers-à-soie; combien lui faudra-t-il de mûriers donnant chacun 70^{kg} de feuilles? Quelle quantité de feuilles faudra-t-il pour chaque âge? Quel espace occuperont ces vers aux divers âges?

244. Quel poids de cocons bruts l'éducateur précédent peut-il espérer obtenir? Que vaudront ces cocons bruts, puis dévidés ?

245. Pour avoir 8^{kg} de cocons, quelle quantité de graines doit-on employer au moins; combien de *Kg* de cocons faut-il laisser pour graine?

94. ABEILLES. Les abeilles composent le miel et la cire avec le suc et le pollen qu'elles vont chercher sur les fleurs. Chaque ruche forme un petit état séparé et contient une *reine*, un grand nombre d'abeilles, et quelques centaines de faux-bourdons. Un *essaim* est une réunion de jeunes abeilles qui quittent la ruche-mère pour vivre à part; on le recueille et il commence aussitôt à travailler. L'éducation des abeilles est facile et très-agréable; chaque année on leur enlève leur produit en ne laissant qu'une quantité suffisante de miel pour les nourrir pendant l'hiver.

PRODUIT MOYEN DES ABEILLES.

Poids d'un essaim ordinaire.	2 Kg ,500; il contient 20000 abeilles.
Poids d'une ruche moyenne	10 Kg; contient 25000 abeilles.
Produit annuel d'une ruche moyenne. .	Miel 4 Kg à 1f.50; cire 0kg,6 à 4 fr. 1 essaim valant 6 fr.

246. On recueille un essaim de 2kg,900; combien de mouches contient-il environ?

247. Le miel s'extrait en soumettant les gâteaux à une température de 60 degrés, sur un canevas métallique placé au-dessus d'un vase; on verse ensuite le contenu du vase sur un tamis de soie qui retient la cire et laisse passer le miel. Quelle est la valeur du miel et de la cire de deux ruches, pesant ensemble 19kg,500 ?

§ V. — ÉCONOMIE RURALE.

95. CAPITAUX AGRICOLES. L'agriculture exige des capitaux; nul ne peut espérer réussir s'il n'a pas les avances nécessaires pour cultiver le sol qu'il exploite. Dans les fermes assez fertiles, ce capital doit être de six fois environ le prix de la location.

248. Quel capital faut-il à un cultivateur qui loue une ferme de 78 Ha, à raison de 45f l'Ha?

96. FERMIER, MÉTAYER, LOCATION DU DOMAINE. Le *fermier* est celui qui cultive un domaine pour un temps déterminé, moyennant une redevance annuelle fixe. Généralement on loue les terres de manière qu'elles rapportent 3 p. 0/0 au

propriétaire.   Le *métayer* ou *colon* exploite un domaine
en partageant les produits avec le propriétaire ; ce dernier
fournit le sol, souvent les bestiaux, et dirige la culture ; le
colon donne son temps, celui de son personnel, et fournit
le matériel roulant.

2 4 9. Un propriétaire possède une ferme de 48 Ha composée de 39 Ha
de terres labourables valant 1200ᶠ l'Ha ; de 3ᴴᵃ,20ᵃ de pré à 2800ᶠ l'Ha ;
de 1ᴴᵃ,6ᵃ de vigne à 2600ᶠ ; de 1ᴴᵃ,50ᵃ de bois à 1500ᶠ l'Ha, et de » ᴴᵃ
de pâturages à 800ᶠ l'Ha ; quel prix doit-il affermer en moyenne l'Ha
pour retirer 3ᶠ,25 p. 0/0 de cette propriété qui, en outre contient pour
5400ᶠ de bâtiments ?

97. Assolements. Chaque plante est composée d'éléments
particuliers et emprunte au sol une nourriture spéciale.
(Voyez le tableau du n° 3). Il est donc indispensable pour obtenir de belles récoltes sans trop épuiser la terre, de faire
succéder les unes aux autres des cultures d'une composition
chimique différente, afin que chacune prélève successivement les substances qui lui sont propres. Cette succession
de cultures se nomme *assolement*. En principe l'assolement
doit commencer par une culture sarclée ; puis, aux céréales
qui épuisent le sol, il faut faire succéder des cultures fourragères qui l'améliorent et détruisent les mauvaises herbes ;
enfin, aux plantes qui prennent surtout leur nourriture
dans la couche superficielle, doivent suivre celles dont les
racines vont la chercher profondément.

On nomme *jachère* le repos que, dans quelques contrées
peu fertiles, on donne à une terre qui a été cultivée pendant plusieurs années ; il faudrait essayer de supprimer
partout la jachère.   Il existe un grand nombre d'assolements différents ; nous allons en indiquer quelques-uns
avec les quantités de produits obtenus par Ha.

1. *Assolement triennal avec jachère fumée.* 1ʳᵉ année, jachère fumée ; 2ᵉ année, blé (26ᴴˡ de grains) ; 3ᵉ année,
avoine (40ᴴˡ de grains).

II. *Assolement quatriennal sans jachère.* 1re année, pommes de terre (20000^{Kg}) ou betteraves (40000^{Kg} de racines et 2500 de feuilles); 2e année, froment (26^{Hl} de grains); 3e année, trèfle (8000^{Kg}); 4e année, avoine (32^{Hl} de grains).

III. *Assolement quinquennal.* 1re année, pommes de terre (12800^{Kg}); 2e année, blé (18^{Hl}); 3e année, trèfle (5400^{Kg}); 4e année, blé (22^{Hl}) et navets dérobés (9500^{Kg}); 5e année, avoine (30^{Hl}).

IV. *Assolement de 9 ans* (plaine de Caen). 1re année, colza fumé (22^{Hl} de graines); 2e an., blé (18^{Hl}); 3e an., colza fumé (21^{Hl}); 4e an., blé (24^{Hl}); 5e, 6e, 7e années, sainfoin (herbe 23000^{Kg}, graine 1300^{Kg}); 8e an., blé (33^{Hl}); 9e an., avoine (43^{Hl}).

250. Faites pour chacun des assolements précédents, un tableau indiquant ce que chaque culture a prélevé dans le sol de phosphore, de silice, de potasse et soude, de chaux et magnésie? (Cherchez dans le tableau du n° 57, le poids de pailles, ou de fourrage, donné par les céréales et le colza, puis voyez le tableau du n° 3 pour la composition des plantes) (1).

251. Le 1er assolement a reçu 20000^{Kg} de fumier; le 2e 40000^{Kg}; le 3e 49000^{Kg}; le 4e 85000^{Kg} avec 1800^{Kg} de tourteau de colza et 300^{Kg} de plâtre; que reste-t-il de ces engrais dans le sol après chaque assolement? Les engrais employés contiennent p. 0/0, à l'état ordinaire, savoir :

	Acide phosph.	silice	chaux, magn.	potasse, soude
Fumier.	0,5	3,6	1,3	0,8
Plâtre cuit. . .	»	»	41	»
Tourteau. . . .	3,4	0,43	2,7	0,45

98. DÉBRIS VÉGÉTAUX DES ASSOLEMENTS. Dans un assolement quelconque, une partie des plantes laissent des débris qui viennent augmenter la richesse du sol; certaines plantes

---

(1) Dans le tableau n° 3, la composition indiquée pour les *tubercules,* les *racines,* les *four* et les *légumineuses* est celle de la plante entière.

mêmes comme le sainfoin, le trèfle et surtout la luzerne, lui restituent, par leurs racines et leurs feuillages, une quantité d'engrais quelquefois équivalente à celle qu'elles ont prélevée : on les appelle *améliorantes*, et la récolte des céréales qui les suit est toujours abondante.

RÉSIDUS DESSÉCHÉS PRODUITS DANS 1 Ha CULTIVÉ.

NATURE DES DÉBRIS.	POIDS SEC.	RENDEMENT TOTAL EN		
		CARBONE.	AZOTE.	SUBSTANCE minérale.
Fanes de pommes de terre.	690 Kg	306 Kg	16 Kg	121 Kg
Feuilles de betteraves, de carottes.. . .	1160	450	55	250
Chaume de froment, de seigle.	1020	500	4,2	73
Id. d'avoine.	650	325	2,6	53
Racines et chaume de trèfle, de sainfoin.	1550	670	28	195
Id. de luzerne.	3700	»	296	»

252. Quelle quantité de fumier représente, sous le rapport de l'azote, l'enfouissement de ces débris ?

253. Les débris précédents contiennent en gaz hydrogène et oxygène, la différence entre le rendement total indiqué et le poids sec de résidus ; quelle est cette quantité ?

254. Si, dans l'assolement quatriennal du n° 97, on ajoute au fumier employé l'équivalent en engrais des débris produits par les cultures, quelle quantité totale d'engrais est entrée dans le sol ?

§ VI. — CULTURE DES JARDINS.

99. CRÉATION D'UN JARDIN. Pour établir un jardin, on choisit une terre profonde et franche, ou à défaut la meilleure à portée de la maison ; on défonce le sol à $0^m,40$ au moins ; on fume fortement, et l'on mêle du terreau à la terre. Il faut autant que possible clore le jardin par un mur afin de pouvoir cultiver des espaliers.

255. Une personne achète un terrain rectangulaire de 47ᵐ sur 35ᵐ à 18ᶠ l'are, pour y établir un jardin. Elle fait : 1° défoncer le sol à une profondeur de 0ᵐ,45, moyennant 0ᶠ,35 du *mc* ; 2° répandre 12ᵐᶜ de fumier valant 8ᶠ,50 le *mc* ; 3° élever autour un mur de 2ᵐ,50, fondations comprises, lui coûtant 3ᶠ,75 le *mq* ; 4° faire une porte de 2ᵐ de haut sur 1ᵐ,30 de large coûtant 8ᶠ,50 le *mq* et exigeant pour 44ᶠ,50 de ferrures. A quel prix lui revient l'are de jardin ainsi enclos ?

100. Culture, entretien. La culture d'un jardin potager demande des soins nombreux ; il faut sarcler souvent, biner de temps en temps, butter même quelques légumes comme le céleri, la pomme de terre, et arroser *fréquemment* pendant la grande chaleur. Le jardin exige beaucoup de fumier, aussi le jardinier doit-il recueillir dans une fosse les débris de tous les légumes et les feuilles des arbres pour les convertir en engrais. La plupart des légumes se reproduisent par des graines ; on sème quelquefois à demeure, mais souvent on repique le plant quand il est un peu fort. Pour que le semis lève très - promptement, on le fait sur ados, sur couche, etc.

Les légumes potagers se divisent en cinq classes suivant la nature de leurs produits.

101. (I). Légumes a racines nourrissantes. La *carotte* demande un sol profond et fumé longtemps à l'avance ; elle se conserve à la cave dans du sable sec.   Le *navet* aime un sol sablonneux, profond et frais ; on sème en avril de la vieille graine quand on veut avoir des navets hâtifs.   Le *salsifis* se plaît dans les terres meubles et assez fraîches.   La *betterave* et la *pomme de terre* se cultivent dans les jardins comme dans les champs ; mais on choisit des espèces plus comestibles ou plus précoces.   L'*oignon* aime une terre assez forte, fumée d'avance ; on en cultive trois espèces :

le blanc qui est doux et hâtif, mais se conserve mal; le rouge, agréable au goût; le rouge pâle, se conservant bien.

LÉGUMES.	ÉPOQUES		ESPACEMENT en ligne.	DURÉE		PRIX de l'Hg de graines
	DU SEMIS.	du repiquage.		de la germination.	des graines.	
			m	j	ans	f
Carotte..........	mars à juin.	»	0,15	5	2 à 3	0,60
Navet	juin à août.	»	0,25	3	2 à 3	0,50
Salsifis.........	mars, avril.	»	»	8	1 à 2	1,00
Radis	avril à août.	»	»	3	5 à 10	0,60
Betteraves.....	avril.	juin.	0,33	6	2 à 4	0,60
P. de terre....	mars.	»	0,40,0,65	10	1	»
Oignon........	mars, avril.	juin.	0,10	6	2 à 3	1,50
Poireau	mars.	juin.	0,15	6	3 à 4	1,25

256. On sème à l'are 50ᵍ de graines de carottes et 40ᵍ de graines de navets; combien coûte la semence d'une planche de 8ᵐ sur 1ᵐ,20 de ces 2 racines.

257. L'ail se plante en lignes espacées de 0ᵐ,12 et se vend en moyenne 0ᶠ,20 la tresse de 24 bulbes; combien rapporte un terrain de 12ᵐ,50 sur 1ᵐ,40 planté en ail?

258. Le poireau vaut environ 0ᶠ,80 la botte de 25; quel est le produit de l'are?

259. Il faut en moyenne à une ménagère 2 navets et 3 carottes par jour; quel espace doit-on cultiver en lignes pour la consommation d'une année?

102. (II). Légumes a feuilles et a tiges nourrissantes. *Asperges.* L'asperge se multiplie à l'aide de griffes que l'on plante dans une fosse de 0ᵐ,30 de profondeur, remplie de bon fumier; on les recouvre de 0ᵐ,10 de bonne terre. Chaque année, pendant 3 ans, on découvre les plants pour bêcher autour et on les recouvre de fumier. La 4ᵉ année, on coupe les montants pour la consommation. *Céleri.* Le céleri aime un terrain frais; on le cultive dans une fosse que l'on comble à mesure que les pieds grandissent.   *Cardon*. Le cardon, de même que le céleri, demande de fréquents arrosages.   *Épinards*. Les épinards veulent une terre fraîche ; en semant en septembre on a des produits pour le printemps.   *Salades*. On en cultive trois espèces principales : la *laitue pommée*, la *laitue romaine* dont une variété se sème en août et passe l'hiver en terre, et la *chicorée*. Ces plantes demandent de nombreux arrosages ; on les lie quand elles sont grosses pour les faire blanchir.

La *mâche*, le *pourpier*, le *persil*, le *cerfeuil* viennent sans soins dans les jardins.   Le *cresson* pousse naturellement dans les fontaines et dans les ruisseaux ; une espèce se cultive néanmoins dans les jardins.

LÉGUMES.	ÉPOQUE		ESPACEMENT en lignes.	DURÉE		PRIX de l'Hg. de graines
	DU SEMIS.	du repiquage.		de la germination.	des graines.	
				j	ans	f
Asperges.	»	mars, octobre.	30/60	15	6 à 10	0,60
Céleri.	mars.	juin.	0,30	10	2 à 4	1,00
Cardon	avril.	juin.	1,00	10	7 à 10	2,50
Épinards. . . .	mars, avril.	»	0,20	3	3 à 5	0,50
Laitues.	printemps.	printemps.	0,30	4	2 à 5	1,75
Chicorée.. . . .	Id.	Id.	0,30	»	6 à 10	1,50
Mâche..	Id.	»	»	10	6 à 7	0,70
Pourpier	Id.	»	»	9	8 à 10	1,20

260. Un plant d'asperges bien entretenu peut durer 15 ans. Chaque griffe donne en moyenne par an 12 montants que l'on vend à raison de 0ᶠ,50 la botte de 40. Quel est le revenu de 2ᵃ,40 de plant d'asperges ?

261. Combien de plants de chacun des légumes précédents contient un carré de 9ᵐ,40 sur 1ᵐ,40 ?

262. Si on sème 20ˢ de graines de chicorée à l'are, que vaut la semence de 40 *mq* ?

263. Combien aura-t-on de *gr* de graines de chacun des légumes précédents pour 0ᶠ,75 ?

264. Une planche de 14ᵐ,60 sur 1ᵐ,20 a été, dans l'espace d'un an, successivement cultivée, 1° en épinards; 2° en romaines; 3° en navets. On a récolté 42 paquets d'épinards à 0ᶠ,55; puis on a vendu les romaines 0ᶠ,80 la douzaine et les navets 0ᶠ,15 la botte de 8. Quelle somme le terrain a-t-il rapportée par *mq*?

103. (III). Légumes a fleurs nourrissantes. *Artichauts.* Les artichauts se multiplient au moyen d'œilletons et aiment une terre profonde et substantielle; on arrose souvent. L'hiver, on les entoure de terre; puis au printemps on les découvre, on les nettoie et on les œilletonne.   *Choux.* On en compte trois espèces principales : les *choux verts*, les *choux pommés*, les *choux-fleurs* ou *brocolis* dont les feuilles et les fleurs forment une tête : ces derniers surtout demandent un sol meuble, bien fumé, et des arrosages répétés.

104. IV. Légumes a fruits nourrissants. *Melons.* Le melon demande de grands soins dans le centre de la France ; on le sème sur couche; on le taille plusieurs fois pour supprimer les branches inutiles et faire refluer la séve dans les fruits. On couvre souvent les jeunes plants, puis les fruits avec des cloches en verre pour concentrer la chaleur autour d'eux.   *Citrouillés* et *concombres.* Les citrouilles et les concombres se cultivent à peu près comme le melon, mais exigent moins de soins.   *Fraisiers.* Le fraisier est une plante vivace; néanmoins il faut le renouveler tous les trois ans. Il en existe un grand nombre de variétés.

105. V. Légumes a grains nourrissants. Ces légumes sont les *pois*, les *haricots*, les *lentilles;* il en a été parlé pages 43 et 45.

| LÉGUMES. | ÉPOQUES | | ESPACEMENT en lignes. | DURÉE | | PRIX de l'Hg. de graines |
	DU SEMIS.	du repiquage.		de la germination.	des graines.	
			m.	j	ans	f
Artichauts . . .	»	avril.	1	10	3 à 5	»
Choux verts . .	février à juill.	mars, octobre.	0,70	10	6 à 10	0,25
Id. pommés.	Id.	Id.	0,35	10	6 à 10	2,20
Id. fleurs.. .	printemps.	printemps.	0,65	»	4 à 5	8,00
Melon.	avril.	mai.	0,65	5	6 à 15	5,00
Concombres . .	Id.	Id.	1	6	5 à 8	2,50
Citrouilles . . .	Id.	Id.	2	6	4 à 6	3,50

265. Un artichaut donne 4 têtes par pied en moyenne; quel est le produit de 2 ares d'artichauts, si la botte de 5 se vend 0^f,35?

266. 250^g de graines de choux pommés, semés dans deux ares, suffisent pour planter un Ha; que coûtera la semence de choux nécessaires pour repiquer un terrain de 142^m sur 34^m?

267. On estime que 100 citrouilles rendent 150^l de graines contenant 7 à 8 p. 0/0 d'huile. Si chaque pied donne 7 citrouilles, quel produit en huile pourra-t-on retirer de 2^a,50 de ce légume? Que valent les citrouilles de ce terrain à 0^f,15 le Kg, chacune pesant environ 12^{Kg}?

268. Un melon se vend en moyenne 0^f,40 et chaque pied donne au moins 5 melons; quel est le produit de 1^a,50?

§ VII. — COMMERCE AGRICOLE.

TRANSPORTS.

106. Les transports à distance ont lieu par l'intermédiaire de commissionnaires ou de compagnies qui, moyennant une indemnité, se chargent, à leurs risques et périls, de faire parvenir au destinataire les objets en bon état; d'en rapporter même la valeur quand l'expédition a lieu contre remboursement. Les expéditions doivent être accompagnées d'une lettre de voiture sur timbre de 0ᶠ,50, et les réclamations auxquelles elles peuvent donner lieu doivent être faites avant le payement des droits de transport et dans un délai de six mois.

107. Transports par eau et par roulage. Le transport sur les rivières et les canaux est un peu lent, mais d'un prix très-modique; il coûte en moyenne de 0ᶠ,02 à 0ᶠ,06 par Km et par 1000ᴷᵍ. Le transport par roulage, ou à l'aide des voituriers, comprend le roulage ordinaire (vitesse 40ᴷᵐ par jour) coûtant de 0ᶠ,20 à 0ᶠ,22 par Km et par 1000ᴷᵍ; et le roulage accéléré (vitesse 80ᴷᵐ par jour), dont le prix varie de 0ᶠ,30 à 0ᶠ,35 par Km et par 1000ᴷᵍ.

269. Un propriétaire expédie par eau à 127 Km de chez lui, 25 barriques de vin de 280 Kg chacune, 90hl de blé de 76ᴷᵍ, et 72 quintaux de foin. Que lui coûtera en moyenne cet envoi, s'il paye 0ᶠ,75 par 1000ᴷᵍ pour chargement et autant pour déchargement? De combien ce transport augmentera t-il le prix de chaque denrée?

270. On expédie par roulage ordinaire à 189ᴷᵐ, une caisse pesant 280ᴷᵍ; quel sera le prix moyen du transport. Que coûterait-il par roulage accéléré? Quel sera, dans les deux cas, le délai d'arrivée à destination?

108. Transports par chemins de fer. Les expéditions par les voies ferrées ont lieu par grande et par petite vitesse; les prix varient extrêmement et chaque compagnie a ses tarifs particuliers. Néanmoins ces prix sont en général les suivants :

Grande vitesse. Les objets expédiés sont taxés sans distinction de nature, excepté pour les bestiaux, le lait, etc. Jusqu'à 40ᴷᵍ, on compte de 5 en 5ᴷᵍ et on paye 0ᶠ,005 par Km et par Kg (minimum 0ᶠ,25); au-dessus de 40ᴷᵍ, on compte par 10ᴷᵍ et on paye 0ᶠ,40 par Km et par 1000 Kg (minimum 0ᶠ,40).

271. Trouvez ce que coûtera approximativement le transport par grande vitesse à 150Km d'un colis pesant 17Kg ; puis le port à 85Km d'un colis du poids de 84Kg, les frais de manutention au-dessus de 40Kg étant de 1f,60 par 1000Kg?

109. *Petite vitesse.* Les denrées agricoles, dont le cultivateur a intérêt à connaître les prix de transport, peuvent se diviser en six catégories. Voici le prix *maximum* approximatif par Km et par 1000Kg :

Hors classe ; (0,f25). Arbustes, plantes et arbres vivants; beurre, comestibles, fromages, fruits et poissons frais; œufs ; viandes à la main; volailles.

1re *classe ;* (0f,16). Amandes, beurre salé ; chanvre filé ; châtaignes et marrons ; farineux alimentaires ; fourrages par poids inférieur à 3300 Kg; fruits secs ou confits ; gruau; houblon ; laines lavées ; légumes frais et confits ; lin ; miel ; noisettes; noix ; pommes et poires en sacs; prunes sèches ; tonneaux vides.

2e *classe ;* (0f,12). Bouteilles vides ; caisses et fûts démontés ; cire brute; feuilles de mûrier ; laine en suint ; navets.

3e *classe ;* (0f, 10). Boissons en fûts ; cercles ; chanvre brut et filasse; chicorée; fourrages par poids sup. à 3300Kg ; fromages secs ; garance; gaude; huiles; laines en balles cerclées; oignons en sacs ; raisins secs ; suif épuré ; suie; vendange.

4e *classe ;* (0f,08). Racines fourragères au-dessus de 400Kg ; charbon de bois ; écorces en bottes; farine ; graines ; jarosse ; os ; noir animal, potasse; raisins secs; vesce; vin ; vinaigre.

5e *classe ;* (0f,06). Ardoises et tuiles ; bois à brûler ; céréales diverses ; cidre en fût ; échalas; farines ; fèves ; fumier, guano et engrais; légumes secs ; pommes de terre en sacs ou en tonneaux ; pierres à bâtir et à plâtre; terres ; tourteaux; sel.

110. EXPÉDITION; FRAIS DIVERS; CAMIONNAGE. Les marchandises par petite vitesse doivent être expédiées dans les 48 heures de leur remise en gare, et parcourir en moyenne 125Km par jour; on compte 24 heures en plus pour la gare de destination. Les compagnies sont passibles d'indemnité pour les transports en retard.   Les marchandises payent : 1° pour chargt et déchargement 1f,50 en tout par 1000Kg; 2° un droit de 0f,50 pour timbre de la facture de transport, et de 0ᶠ,10 pour enregistrement, par chaque expédition. Quand elles ne sont pas enlevées dans les 48 heures qui suivent l'avis qui, moyennant 0ᶠ,40, est donné au destinataire par la gare d'arrivée, elles sont assujetties à un droit de magasinage de 0ᶠ,01 à 0ᶠ,05 par jour et par fraction indivisible de 100ᴷᵍ. Le transport dans Paris coûte 0ᶠ,05 par nombre rond de 10ᴷᵍ (*minimum* 0ᶠ,50) pour les marchandises en général ; 0ᶠ,03 par 10ᴷᵍ pour les céréales, farines, issues, fécules, légumes, tourteaux, graines fourragères et oléagineuses (*minimum* 0ᶠ,30).

272. Un propriétaire remet le 8 mars à midi, à la petite vitesse pour être expédiées à 295Km, les denrées suivantes : 2 caisses de raisins frais pesant ens. 84ᴷᵍ ; 4 paniers de pommes fraiches pes. ens. 228Kg; 24ᴴˡ de noix de 67ᴷᵍ; 12 balles de laine en suint de 125ᴷᵍ. Calculer approximativement le prix de cet envoi y compris les frais de chargement et de déchargement, timbre de la facture et enregistrement?

273. A quelle époque le destinataire devra-t-il recevoir l'expédition précédente?

274. Le 16 mars la gare d'arrivée a mis le destinataire en demeure d'enlever les marchandises de l'ex. 272; celui-ci n'en ayant pris livraison que le 25 du même mois, quel droit de magasinage aura-t-il à payer. (Prendre la moyenne des deux droits indiqués ci-dessus).

275. Un fermier demeurant à 198Km de Paris y expédie contre remboursement : 68ᴴˡ d'avoine de 45ᴷᵍ à 1ᶠ,60 le doubleDˡ, et 12Hˡ,5 de graines de trèfle incarnat de 81ᴷᵍ à 99ᶠ les 100ᴷᵍ. Il y a eu un transbordement par suite de changement de ligne, ce qui a augmenté les frais de 1 fr. par 1000Kg. Quel sera environ le coût total de cette expédition y compris les frais de chargement et déchargement, timbre et enregistrement, camionnage dans Paris? Que revient-il net au fermier sur son envoi?

276. Le retour de l'argent provenant des expéditions faites contre remboursement est effectué par les compagnies, moyennant 0ᶠ,00252 par fraction indivisible de 1000ᶠ et par Km (minimum 0ᶠ,25). Que recevra net le fermier de l'ex. précédent (275)?

COMMERCE DES CÉRÉALES.

111. Mode de vente. Sur le marché de Paris, le blé, le seigle et l'orge se vendent au sac de 1ᴴˡ,5, réglé, le 1ᵉʳ à 120ᴷᵍ, le 2ᵉ à 115ᵏᵍ, le 3ᵉ à 100ᵏᵍ; l'avoine au sac de 3ᴴᴵ réglé à 150ᵏᵍ. Sur les marchés de Bordeaux et de Nantes, la vente du blé a lieu à l'Hl de 80ᵏᵍ.

277. Un propriétaire expose sur la place de Paris 72ᴴᴵ de blé de 76ᵏᵍ,5; 18ᴴᴵ de seigle de 71ᵏᵍ,4; 87ᴴᴵ d'orge de 64ᵏᵍ; 200ᵈ. ᴰᴸ. d'avoine du poids de 42ᴷᵍ l'ᴴᴵ. Ces céréales n'ayant pas le poids réglementaire, à quel volume se réduiront-elles?

278. Le propriétaire de l'ex. précédent a vendu le blé 30ᶠ,50; le seigle 21ᶠ; l'orge 20ᶠ; l'avoine 33ᶠ; le tout par sac réglé comme il est dit au nº 111. Quel prix a-t-il retiré net par Hl conduit au marché; les frais d'entrée à Paris étant de 1ᶠ par 100ᴷᵍ pour le blé, le seigle et l'orge; et de 1ᶠ,50 par 100ᴷᵍ pour l'avoine?

112. Classement des blés. Les qualités recherchées par les marchands sont : le poids du blé, une sécheresse convenable, une grande netteté, et de la régularité dans la forme du grain. Le blé de 1ᵉʳ choix pèse 80ᵏᵍ, il est parfait; la 1ʳᵉ qualité pèse de 78 à 79ᵏᵍ, et est un peu moins belle; la 2ᵉ qualité ou blé marchand pèse de 76 à 77ᵏᵍ; la 3ᵉ qualité pèse 75ᵏᵍ au plus.

Les blés les plus estimés des meuniers sont les blés blancs, les tuzelles, richelles, et saisettes blanches; les blés rouges et les blés bigarrés viennent ensuite; enfin les blés durs, dont la farine est rude et néanmoins contient beaucoup de gluten, forment la troisième classe.

279. Deux propriétaires amènent chacun 100ᴴᴵ de blé au marché : le 1ᵉʳ, qui s'applique à cultiver les plus belles espèces et fume abondamment ses terres, expose 48ᴴᴵ de tuzelles premier choix, et 52ᴴᴵ de blé rouge 1ʳᵉ qualité; le 2ᵉ qui soigne peu ses cultures, met en vente 24ᴴᴵ de blé rouge 2ᵉ qualité, et 76ᴴᴵ de blé dur 3ᵉ qualité. Si le premier choix de tuzelles vaut 34ᶠ,50 l'Hl 1/2, celui de blé rouge 33ᶠ,20; celui de blé dur 31ᶠ,80, et s'il y a 0ᶠ,80 de différence par sac entre chaque qualité de ces différents blés, combien le 1ᵉʳ propriétaire retirera-t-il sur sa vente de plus que le 2ᵉ?

113. Magasins publics. Le blé non vendu au marché du

jour est souvent mis en dépôt dans les magasins publics pour y être conservé jusqu'à un moment plus opportun. Voici les droits perçus à Paris par 100^{kg} :

Magasinage par jour. . . .	0^f,08	Criblage au fil de fer. . . .	0^f,06
Décharg. des grains en sac.	0 ,08	Tarage.	0 ,15
id. en vrac.	0 ,11	Mise en sacs, pelage, sortie.	0 ,10
Pesage, mise en couche. .	0 ,02	Sortie des grains en sacs.	0 ,07

A Nantes les droits par H*l* de blé sont les suivants :

Magasinage par mois.. . .	0^f,10	Mesurage à la sortie. . . .	0^f,05
Mesurage à l'entrée. . . .	0 ,05	Mise à bord des navires.	0 ,10

A Marseille les droits sont par 100 charges (160^{lll}) :

Débarquement. 6^f	Criblage. . . . 18^f	Portefaix. . . . 10^f,50
Mesurage. . . . 4	Metteurs dessus. 10 ,50	Droit de ville. 20 ,

Courtage 1/2 p. 0/0 jusqu'à 1200^f; 1/3 p. 0/0 au-dessus de cette somme.

280. Un marchand dépose pendant 21 jours dans les magasins publics de Paris 49 sacs de blé de 118^{Kg}, qu'il a fallu décharger, peser et mettre en couche, cribler, puis remettre en sacs et sortir. Que doit-il?

281. Un fermier laisse dans les magasins de Paris pendant 12 jours, 28 sacs de blé de 116^{Kg} qui ont été seulement déchargés puis sortis. De quelle somme les frais augmentent-ils l'*Hl* de ce blé?

282. On dépose du blé dans les magasins publics de Nantes; on l'y laisse deux mois après l'avoir fait mesurer à l'entrée et à la sortie, puis on le fait mettre à bord d'un navire. De combien les frais augmentent-ils les 100^{Kg}? (On supposera que le blé pèse 76^{Kg} l'*Hl*.)

283. Un propriétaire a dans les magasins de Marseille 144^{lll} de blé qu'il a fait mesurer et cribler; il le vend par l'entremise d'un courtier 35^f,20 la charge. Que lui reste-t-il net, après le payement des droits de ville et des frais?

114. Droits d'entrée en France. D'après la nouvelle loi de 1861, les droits à l'importation par navires français sont, pour le froment, l'épeautre et le méteil, de 0^f,50 par 100^{kg} de grains, et de 1^f par 100^{kg} de farine. Aucun droit ne frappe les céréales à leur sortie.

284. Le fret de Nantes pour l'Angleterre est d'environ 18^f; celui de Marseille, de 35^f pour le Havre, et de 45^f pour l'Angleterre : le tout par 1000^{Kg}. En outre, on compte 10 p. 0/0 du fret pour gratification, et et 1 ½ p. 0/0 du prix du blé pour assurance. Quel est, par 100^{Hl} de blé valant 24^f l'*Hl* et du poids de 76^{Kg}, le fret total de chaque traversée?

115. Farines. La farine se vend par sac de 157^{Kg} net; elle s'expédie à l'étranger par tonneau de 88^{Kg}. Le blé, suivant sa qualité, rend à la mouture, système français : farine, 1re qualité, 0,67 ; *id.* 2e qual., 0,05 ; *id.* 3e qual., 0,03 ; son, 0,11 ; recoupe, 0,07 ; recoupettes, 0,05 ; déchets, 0^f,02.

285. Au 2 mars 1869, la 1re qualité de farine se vendait 55^f le sac; la 2e 47^f; la 3e 45^f; le son, 14^f les 100^{Kg}; la recoupe, 15^f; les recoupettes, 13^f, et le blé 22^f l'*Hl* de 80^{Kg}. Quelle est la plus-value produite par le mouturage?

286. Un cultivateur fait moudre 3^{Hl} de blé de 76^{Kg} et obtient des diverses farines mélangées, 130 p. 0/0 de bon pain. A quel prix lui revient le demi Kg de pain en comptant 2^f,50 par 100^{Kg} de pain pour frais de cuisson, et en estimant la farine aux prix de l'ex. précédent?

COMMERCE DU BÉTAIL.

116. Le cultivateur vend souvent ses animaux chez lui; il lui suffit alors d'en connaître le poids et de savoir le cours du bétail. Quelquefois il les conduit sur les marchés ou les expédie dans les grands centres comme Paris. Dans ce dernier cas, les renseignements suivants lui sont utiles.

117. Transport sur les voies ferrées. Voici en moyenne les prix de transport des bestiaux par chemin de fer :

BÉTAIL.	PAR TÊTE ET PAR Km.		FRAIS de manutention par tête.
	grande vitesse.	petite vitesse.	
Bœuf, vache, âne, mulet. . .	0^f,224	0^f,10	1^f,00
Veau, porc.	0,0896	0,04	0,50
Mouton, chèvre..	0,0448	0,02	0,25

287. Un cultivateur veut expédier à Paris, 4 bœufs, 5 veaux et 45 moutons dans l'espoir de les vendre plus cher que chez lui. Que lui coûtera cet envoi par grande ou par petite vitesse s'il demeure à 195 Km de cette ville? Ajoutez aux frais 0^f,10 pour enregistrement et 0^f,50 pour lettre de voiture.

288. Quand le transport des bestiaux a lieu par wagon complet, il est beaucoup plus économique. Chaque wagon peut recevoir 7 bœufs et vaches, ou 16 veaux et porcs gras, ou 40 porcs maigres, ou enfin, 40 moutons; dans le 1er cas, on paye environ 0^f,27 par wagon et par Km; dans le 2e, 0^f,30; dans le 3e 0^f,37; dans le 4e, 0^f,18. Quelle est par Km et par tête l'économie résultant du transport par wagon complet?

289. L'expéditeur peut cependant placer un plus grand nombre de bestiaux dans chaque wagon, mais à ses risques et périls et en payant par tête de bétail d'excédant et par Km, 0^f,01 pour les veaux et 0^f,00225 pour les porcs maigres et les moutons. Deux éleveurs s'entendent ensemble pour expédier en 3 wagons complets, le premier, 2 vaches, 10 veaux, et 28 moutons; le second, 5 vaches, 8 veaux et 20 moutons. Quelle sera la part de chacun dans les frais de transport, la distance étant de 207 Km?

290. Qu'a gagné chacun à faire l'expédition en commun plutôt que d'agir séparément?

291. La compagnie du chemin de fer de l'Est prend 0^f, 50 par wagon et par Km, laissant à l'expéditeur la liberté d'y mettre autant de bestiaux qu'il lui convient. De quel prix augmente chaque animal, le transport de 49 moutons en un seul wagon, la distance étant de 260 Km?

113. VENTE SUR PIED. Les bestiaux à l'arrivée aux marchés de la Villette ou de Poissy (Paris) sont visités, puis classés; ils payent un droit de stationnement, savoir : un bœuf ou une vache, 0^f,75 ; un veau ou un porc, 0^f,25 ; un mouton, 0^f,40.   Dix-huit facteurs, nommés par la ville et ayant fourni un cautionnement, se chargent, moyennant 1 p. 0/0, de la vente des bestiaux expédiés de la province et en envoient aussitôt le montant à l'expéditeur.

292. Voici le compte d'une expédition de 16 bœufs venant de la Dordogne et vendus à Poissy par M. Trinquesse, facteur, Frais. Entrée au marché 0^f,75 par tête; cordage, 1^f,10;

chemin de fer, 365ᶠ,90; commission, 1 p. 0/0. *Produit de la vente :*
4 bœufs à 520ᶠ; 4 autres à 430ᶠ; 8 à 535ᶠ. Disposer le compte en ordre
et chercher quelle somme a dû être envoyée à l'expéditeur, frais
déduits?

119. Vente a la criée. La vente des viandes à l'enchère a
lieu aux halles centrales de Paris par l'entremise de facteurs
assermentés qui prélèvent une commission de 1 p. 0/0 sur
le prix de vente et en adressent aussitôt le montant au
vendeur et aux frais de ce dernier. Les viandes payent par
Kg, 0ᶠ,12 pour l'entrée, et 0ᶠ,02 pour droit de place; à leur
arrivée, elles sont visitées, puis pesées et numérotées.
Celles qui sont reconnues insalubres sont confisquées, et l'expéditeur peut être poursuivi. Les morceaux non vendus
restent en dépôt pour le lendemain sous la surveillance de
gardiens; cette resserre occasionne les frais suivants :

Bœuf, taureau, vache	*Veau, mouton.*	*Porc.*
Morceau dit Gobel. 0ᶠ,05	Morc., pan, $\frac{1}{2}$ mout. 0ᶠ,05	Morceau séparé, tête. 0ᶠ,05
Cuisse, épaule, quart. 0 ,10	$\frac{1}{2}$ veau, mouton ent. 0 ,10	$\frac{1}{2}$ porc, paq. de m. 0 ,10
Moitié d'animal. . 0 ,15	Veau entier. . . . 0 ,15	Porc entier. . . . 0 ,15
Animal entier. . 0 ,25		Panier de morc. 0 ,20

292. Un cultivateur a un bœuf gras qui vient de se casser la cuisse;
il le fait abattre et envoie aux halles centrales de Paris, à 212Km de
chez lui, les deux quartiers et une épaule pes. ens. 275Kg. Ces morceaux n'ayant point été vendus le jour même ont été mis en resserre
et vendus le lendemain 1ᶠ,46 le Kg. Faites le compte approximatif de
ce qui lui revient net, en comprenant le transport par chemin de fer
(Voy. n° 109), l'entrée, le plaçage, les frais de resserre, la commission
et 2ᶠ,60 pour frais divers? Quel prix a-t-il retiré net du Kg de viande?

293. L'envoi à Paris d'animaux vivants pour y être abattus et vendus à la criée est généralement très-désavantageux à l'expéditeur. Voici le
résultat d'une opération de ce genre pour un bœuf venant de la Haute-
Vienne. — *Frais.* Chemin de fer, 35ᶠ,50; conduite à l'abattoir, 2ᶠ,80;
abattage, 5ᶠ; entrée et droits d'abattoir 310Kg à 0ᶠ,1175; commission,
1 p. 0/0; expédition de l'argent, 2ᶠ. *Produit:* $\frac{1}{2}$ bœuf, 156Kg à 1ᶠ,40;
$\frac{1}{2}$ bœuf 154Kg à 1ᶠ,35; cuir, 49Kg à 0ᶠ,90; suif, 18Kg à 1ᶠ,05; 4 pieds à

0ᶠ,50 ; débris, 8ᶠ. Faites ce compte et cherchez le prix net retiré du Kg de viande?

120. Exportation du bétail. Les bestiaux envoyés en pays étrangers payent à la frontière les droits suivants par tête :

Bœuf.	1ᶠ	Bélier, brebis, mouton, porc.	0ᶠ,25
Taureau, taurillon.	3	Bouc, chèvre.	0,15
Vache, veau.	0,50	Agneaux, chevreaux.	0,10
Génisse.	1,50	(Plus le décime ½ en sus.)	

295. Quels droits payera-t-on à la sortie pour l'expédition en pays étranger de 15 vaches et de 70 moutons?

COMMERCE DU LAIT ET DU BEURRE.

121. Lait. Le commerce du lait avec les grandes villes tend à s'accroître de plus en plus ; Paris seul consomme plus de 500000ˡ de lait par jour. Ce lait est ordinairement vendu d'avance à des marchands en gros et expédié tous les soirs par le chemin de fer.

296. Le transport du lait par le chemin de fer de l'Est est en moyenne de 0ᶠ,15 par Km et par 1000 Kg : le l de lait comptant pour 1Kg,250, vase compris. Les boîtes vides payent au retour 0ᶠ,10 par 1000 Kg et par Km. Un propriétaire expédie tous les soirs 170ˡ de lait à Paris, distant de 184 Km. De combien le transport augmente-t-il le coût du l de lait, si les pots vides pèsent 35Kg,5?

297. Le transport du l de lait sur la ligne de Paris à Lyon, coûte en tout, y compris le retour des vases, de 0ᶠ,01 ⅛ à 0ᶠ,02 ¾ selon la distance. Un cultivateur ne peut retirer chez lui que 0ᶠ,12 du l de lait; s'il l'expédie à Paris, on le lui paye 0ᶠ,19 rendu en gare d'arrivée; quel surcroît de profit obtient-il par semaine, le transport payé (0ᶠ,02 ¼ par l), si ses vaches lui donnent 74ˡ de lait par jour?

122. Beurre. Le commerce du beurre prend une grande extension : cette denrée s'exporte pour l'Angleterre, le Brésil, etc., par millions de Kg ; Paris en absorbe annuellement plus de 40 millions de Kg dont la plus grande partie est vendue à la criée aux halles centrales.

298. Le beurre paye à l'octroi 0ʳ,115 par Kg, (décime ½ compris), et 5 p. 0/0 pour droits de vente à la criée. Un propriétaire envoie à un facteur des halles centrales, trois pains de beurre frais pesant ensemble 37ᴷᵍ,800. Que lui reste-t-il par Kg, frais de transport (voy. n° 109), d'entrée, et de commission payés, si ce beurre a été vendu 2ʳ,65 le Kg?

COMMERCE DES ŒUFS.

Les œufs donnent lieu à un trafic considérable : l'Angleterre en enlève chaque année sur nos marchés plus de vingt millions de Kg; Paris en consomme autant, et la France entière 20 fois plus.

123. VENTE DES ŒUFS. Les œufs vendus aux halles centrales, à Paris, sont expédiés par paniers de 1040 (1000 et 4 p. 0/0 en sus); ils payent 2ʳ,50 par 100ᴷᵍ à l'octroi, puis 0ʳ,20 par panier pour droit d'hospice; enfin 2 1/2 p. 0/0 du prix de vente pour commission des facteurs et droit de ville. A leur arrivée, ils sont visités et classés en œufs de choix (ayant plus de 0ᵐ,04 de diamètre), en œufs moyens (ayant de 0ᵐ,038 à 0ᵐ,04 de diamètre), et en œufs petits (diamètre infʳ à 0ᵐ,038).

299. Quelle est à 0ʳ,80 la douzaine, la valeur des œufs exportés en Angleterre si chaque œuf pèse en moyenne 55 grammes ?

300. Une fermière a 2080 œufs (1ᵉʳ choix) dont on lui offre 0ʳ,90 la douzaine pris chez elle. Fera-t-elle une bonne spéculation, en les expédiant à Paris (distance 170ᴷᵐ) où elle pourra les vendre 95ʳ le mille (en donnant 4 p. 0/0 en sus).(Voy. n° 109 pour transp. et comptez, outre les frais de vente, 1ʳ,60 pour retour des paniers et de l'argent).

301. Les œufs 1ᵉʳ choix valent l'hiver de 30ʳ à 40ʳ plus cher par mille que l'été; les œufs moyens de 20ʳ à 30ʳ; les œufs petits de 10ʳ à 15ʳ; quelle différence cela fait-il par douzaine?

COMMERCE DES FROMAGES.

124. Les fromages secs qui donnent lieu au commerce le plus étendu sont les suivants : le *Gruyère* (Suisse, Franche-

Comté) qui se fait avec le lait de vaches ; il est gras, demi-gras, ou maigre, selon qu'il est fabriqué avec du lait plus ou moins écrémé. Les fromages d'hiver, appelés *tommes*, sont d'une qualité inférieure à ceux d'été, nommés *bons fromages*. Le *Roquefort* (Aveyron) est composé de lait de brebis et de lait de chèvre ; celui de *Septmoncel* (Jura) est formé avec du lait de chèvre et du lait de vache, et se vend par pains de 8 à 10^{Kg}. Les fromages d'*Auvergne* ou du Cantal pèsent de 35 à 50^{Kg} ; les *gras*, les *mûrs*, ou *estivales*, fabriqués l'hiver, sont moins estimés que les fromages obtenus quand les vaches sont aux pâturages.

Les fromages secs payent à l'octroi à Paris 9^f,50 par 100^{Kg} (décime 1/2 non compris) ; ceux qui sont vendus à la criée acquittent un droit de 2 $^1/_2$ p. 100 du prix de vente.

302. Les tommes de gruyère ont la forme de meules ayant en moyenne 1^m,10 de diamètre et 0^m,11 d'épaisseur ; elles pèsent environ Kg et s'expédient par tonneaux de 10 à 12. Quel est le poids du dmc ; quel est le volume de 1Kg de ce fromage ?

303. La fabrication d'un fromage de Gruyère exigeant plus de lait qu'une petite vacherie ne peut en donner, les propriétaires se réunissent en association nommée *fruiterie*, et mettent leur lait en commun pour en partager le produit proportionnellement à la quantité de lait fournie par chacun. Victor, Charles et Louis se sont associés ainsi pendant un mois. Victor a mis chaque jour 22^l de lait, Charles 29 et Louis 31 : ils ont obtenu 8 fromages gras de 24Kg, et un de 29Kg,4, le tout vendu par avance 104^f les 100Kg à un marchand. Faites le partage de l'argent, en déduisant préalablement les frais de fabrication et de matériel estimés 371^f par an ?

304. A quel prix revient net le l de lait de l'ex. 303 ? Quel a été son rendement p. $^o/_o$ en fromage gras ?

305. Le roquefort a la forme d'un pain cylindrique ayant en moyenne 0^m,28 de diamètre et 0^m,20 d'épaisseur. Les fromages nouveaux se vendent sur les lieux, jusqu'en avril, de 150^f à 180^f les 100Kg, et ceux de conserve, à partir de septembre, de 220^f à 250^f les 100Kg. Un marchand a acheté une caisse de 12 fromages de conserve pesant 4 Kg chacun à 240^f les 100Kg, payables à 30 jours avec 2 p. 0/0 d'escompte. Faites le billet de la somme due ?

6.

306. De combien les droits d'octroi et de vente à la criée diminuent-ils la valeur d'un fromage du Cantal du poids de 38 Kg,500 vendu 98ᶠ les 100 Kg?

125. PRIX DE DIVERS FROMAGES FRAIS QU'ON TROUVE DANS LE COMMERCE.

Brie.	24ᶠ à 30ᶠ les dix.	Pont-l'Évêque, Camenbert.	7ᶠ à 8ᶠ la douz.
Monthléry. . .	12ᶠ id.	Tuile de Flandre.	20ᶠ à 24ᶠ les 10.
Bondons ordin. .	10ᶠ à 12ᶠ le cent.	Olivet.	4ᶠ à 5ᶠ la douz.
Neufchâtel frais.	1ᶠ,80 la douz.	Géromé. . . .	70ᶠ à 80ᶠ les 100Kg.
Mont d'Or. . . .	27ᶠ,50 le cent.	Compiègne. . . .	25ᶠ à 34ᶠ le cent.
Troyes.	8ᶠ à 9ᶠ la douz.	Marolles. . .	1ᶠ,20 à 1ᶠ,70 la douz.
Livarot.	9ᶠ à 12ᶠ id.	Rollot..	4ᶠ50 id.

307. Le Brie a 0ᵐ,36 de diamètre et 0ᵐ,02 d'épaisseur; il pèse environ 2Kg,5 et se vend de 2ᶠ,40 à 3ᶠ suivant sa finesse : Le Monthléry pèse la moitié du Brie. Que coûte en moyenne le Kg de ces fromages?

308. Les facteurs et la ville prélèvent un droit de 2 ¹/₂ p. 0/0 sur le prix de vente à la criée des fromages frais : quel sera ce droit pour les prix de fromages indiqués au n° 125?

309. Un expéditeur envoie à Paris (distance 84Km), pour être vendus à la criée, 70 fromages d'Olivet pesant ensemble 72Kg,5 emballés, et le facteur retire 4ᶠ,80 des 12; que revient-il par fromage, déduction faite des frais de transport, de camionnage dans Paris , et de vente?

COMMERCE DES VINS ET DES SPIRITUEUX.

VINS.

Le commerce des vins français est extrêmement important; il dépasse déjà 50 millions d'Hl, et la consommation en France et à l'étranger l'augmente de plus en plus. Nous allons nous étendre un peu plus sur ce chapitre.

126. TRANSPORTS. Le prix du transport est extrêmement variable: sur les chemins de fer de l'Ouest et d'Orléans on paye, bien que la distance ne soit pas la même, de Bor deaux, la Rochelle, Rochefort, Nantes à Rennes, Caen, Cherbourg, Rouen, Dieppe, le Havre, 37ᶠ par 1000ᵏᵍ.

Sur le chemin de fer de Lyon on applique le tarif suivant :

Jusqu'à 100Km	0ᶠ,08	p. tonne et Km, sans dépasser 7ᶠ en tout.			
De 100Km à 400Km	0 ,07	*id.*	,	*id.*	24, *id.*
Au-dessus de 400Km	0 ,06	*id.*	,	*id.*	25,5 *id.*

310. Sur le chemin de fer de l'Ouest, 912ˡ de vin en fûts simples comptent pour 1000Kg, et en double fût pour 1200Kg. Quelle somme approximative coûtera le transport de 8 barriques de vin de 248ˡ de la Rochelle à Caen?

311. Que vaut environ sur le chemin de fer de Lyon, le transport de 12 barriques de vin pesant chacune 270Kg expédiées à Paris d'une distance de 240Km, puis d'une distance de 320Km?

127. CONTENANCE DES FUTS. Rien n'est plus variable que la contenance des fûts à vin; chaque vignoble en renferme souvent de plusieurs espèces dont le nom et la grandeur sont différents : aussi est-il à désirer, dans l'intérêt des transactions, qu'on adopte une mesure uniforme. Voici la contenance en *l.* des principaux fûts :

Barrique : Bordelais, Loire-Inférieure, Dordogne, Charente-Inférieure, 215 à 228 ; Charente, 205 ; Hérault, Ardèche, 203 à 215. *Bareillé:* Rhône, 228. *Botte :* Mâcon et Beaujolais, 424. *Busse :* Cognac, Anjou, 230 ; Sarthe, 240 à 250. *Charge :* Narbonne, 94, Limoux, 100, Carcassonne, 153. *Demi-char :* Haute-Garonne, 325. *Demi-muid :* Languedoc et Roussillon, 340 à 360. *Demi-pièce :* Vaucluse, 275. *Feuillette :* Yonne, 128 à 140 ; Côte-d'Or, Châlons-sur-Saône, 112 à 114. *Muid :* Yonne, 272, Seine-et-Oise, 266 ; Aude, 365 ; Hérault, 685. *Pièce* ou *poinçon :* Loiret, 230 ; Aude, 172 à 182 ; Indre-et-Loire, 250 ; Saône-et-Loire, 212 ; Beaune, 228 ; Indre 218 ; Blois, 230 ; Eure-et-Loir, 210 à 230 ; Chinon, Côte du Cher, 240 à 250. *Pipe :* Armagnac, 380 à 450 ; eau-de-vie, 620. *Queue :* Côte-d'Or, 450. *Sixain :* Malaga, 115. *Quartaut :* Madère, 110 à 125. *Tonneau :* Bordelais, (4 barriques) 912.

312. Le grand diamètre d'un fût (D, diamètre du bouge) égale ordinairement 0,85 de la longueur (L), et le petit diamètre (d, diamètre des fonds), 0,75 de cette longueur. Trouver au moyen de la formule : $V = L \times D \times d \times 0,82$, les dimensions que doivent avoir intérieurement les barriques et les pièces du n° 127 ? (Application de la racine cubique.)

313. *Jaugeage des fûts.* On jauge les tonneaux en vidange par le procédé suivant : on divise en dix parties égales un bâton de même longueur que le diamètre du bouge ; on cherche combien la hauteur de vin restant contient de ces divisions, puis on voit à quelle fraction de la contenance totale du fût correspond ce nombre de divisions. 9 divisions corresp. à 0,950 du fût plein ; 8 div. à 0,860 ; 7 à 0,750 ; 6 à 0,630 ; 5 à 0,500 ; 4 à 0,370 ; 3 à 0,250 ; 2 à 0,140 ; 1 à 0,050.   En transportant une barrique de Beaune du prix de 112ᶠ et une botte de Mâcon de 170ᶠ les fûts ont perdu, et il est resté dans le premier 0,8 de hauteur de vin et 0,7 dans le second. Quelle est la valeur du vin répandu ?

128. Taxes sur les vins. Les principaux droits auxquels le commerce des vins est soumis, sont les droits de *circulation*, d'*entrée*, d'*octroi*, de *détail*, etc.

129. Droit de circulation. Le vin paye ce droit chaque fois qu'il change de possesseur. Pour la perception de cette taxe, les départements sont rangés en quatre classes d'après la valeur moyenne du vin consommé, et le lieu de destination sert de base à l'application du droit. Voici ce classement avec la taxe par Hl (décime 1/2 de guerre non compris).

1ʳᵉ *classe* (0ᶠ60). Basses-Alpes, Alpes-Maritimes, Ariège, Aube, Aude, Aveyron, Bouches-du-Rhône, Charente, Charente-Inférieure, Dordogne, Gard, Haute-Garonne, Gers, Gironde, Hérault, Landes, Lot, Lot-et-Garonne, Basses-Pyrénées, Hautes-Pyrénées, Pyrénées-Orientales, Tarn, Tarn-et-Garonne, Var, Vaucluse.

2ᵉ *classe* (0ᶠ,80). Ain, Allier, Hautes-Alpes, Ardèche, Cher, Corrèze, Côte-d'Or, Drôme, Indre, Indre-et-Loire, Isère, Jura, Loir-et-Cher. Haute-Loire, Loire-Inférieure, Loiret, Maine-et-Loire, Marne, Haute-Marne, Meurthe, Meuse, Moselle, Nièvre, Puy-de-Dôme, Haute-Saône, Savoie, Haute-Savoie, Deux-Sèvres, Vendée, Vienne, Yonne.

3ᵉ *classe* (1ᶠ). Aisne, Ardennes, Cantal, Creuse, Doubs, Eure, Eure-et-Loir, Loire, Lozère, Morbihan, Oise, Bas-Rhin, Haut-Rhin, Rhône, Saône-et-Loire, Sarthe, Seine, Seine-et-Marne, Seine-et-Oise, Haute-Vienne, Vosges.

4° *classe* (1f,20). Calvados, Côtes-du-Nord, Finistère, Ille-et-Vilaine, Manche, Mayenne, Nord, Orne, Pas-de-Calais, Seine-Inférieure, Somme.

Le cidre, le poiré, les hydromels payent un droit uniforme de 0f,50 par H*l* (non compris le décime 1/2 de guerre).

314. Un vigneron d'Indre-et-Loire expédie 4 pièces de vin à Rouen, 6 pièces à Aurillac, 3 pièces à Avignon et 9 pièces à Blois; quels droits (décime ½ compris) payera-t-il à la régie? (Ajoutez 0f,20 pour timbre du congé.)

315. Un consommateur des environs du Havre fait venir de la Rochelle six barriques de vin de 224l, pesant ensemble 1380Kg, à 64f chacune prise sur place. A quel prix lui reviendra l'H*l* de vin rendu chez lui, frais de transport et de circulation compris?

316. Un expéditeur vient de payer 5f,45 à la régie pour droit de circulation d'un foudre de cidre. Quelle est la contenance du fût?

130. DROIT D'ENTRÉE DANS LES VILLES. Il est perçu au profit de l'État, dans les villes de plus de 4000 âmes, un droit d'entrée sur les alcools et les boissons, la bière seule exceptée. Cette taxe varie d'après le chiffre de la population et de plus, pour le vin, selon la classe des départements établie n° 129. Voici, pour chaque série de population et suivant la classe des départements, la taxe en principal perçue par H*l* de vin, de cidre, d'hydromels et d'alcool pur :

POPULATION des VILLES.	VINS Classes de départements.				CIDRES — Poirés, hydromels	ALCOOL PUR des spiritueux en cercles; eaux-de-vie en bouteilles.
	1°	2°	3°	4°		
4000 à 6000	0f,30	0f,40	0f,50	0f,60	0f,25	4f
6001 à 10000	0,45	0,60	0,75	0,90	0,40	6
10001 à 15000	0,60	0,80	1,00	1,20	0,50	8
15001 à 20000	0,75	1,00	1,25	1,50	0,65	10
20001 à 30000	0,90	1,20	1,50	1,80	0,75	12
30001 à 50000	1,05	1,40	1,75	2,10	0,90	14
au-dessus de 50000	1,20	1,60	2,00	2,40	1,00	16

317. Quels droits d'entrée payera un fût de vin de 224¹, à Troyes (36000 h.), à Marseille, (300000 h.), à Nimes (60000 h.), à Moulins (19000 habit.), à Tours (43000 h.), à Besançon (47000 h.), à Vannes (14500 h.), à Caen (42000 h.), à Rouen (101000 h.).

318. Que payeraient d'entrée dans les mêmes villes 4 fûts de cidre de 260¹ chacun?

319. Le nombre de degrés d'un spiritueux indiquant en centièmes la quantité d'alcool contenue par litre, que coûterait à Orléans (49000 h.), l'entrée d'une pipe de Cognac à 53° contenant 620¹?

320. L'entrée en ville de 3ᴴˡ de vendange compte pour 2ᴴˡ de vin et celle de 5ᴴˡ de fruits à boissons, ou de 50ᴷᵍ de fruits secs, pour 2ᴴˡ de cidre ou de poiré. Que payera pour droit d'entrée à Nantes (112000 h.), un propriétaire qui veut y faire transporter sa récolte composée de 7 barriques de vendange de chacune 220¹, et de 170ᴰˡ de pommes à cidre?

131. Droit d'octroi. Cette taxe qui frappe les boissons et les spiritueux à leur introduction dans les villes est un impôt municipal très-variable et distinct du droit d'entrée du n° 130. Chaque localité perçoit le droit d'octroi d'après un tarif particulier approuvé par le Corps législatif. A Paris, cette taxe est ainsi fixée par Hˡ (décime 1/2 non compris) : vins en cercles, 10ᶠ; vins en bouteilles, 17ᶠ; alcool pur et liqueurs, 23ᶠ,50; cidre, poiré, 3ᶠ,80 ; vinaigre, 10ᶠ.

321. Que coûtent d'octroi à Paris (décime ½ compris), 3 muids de vin de l'Yonne, 4 poinçons de vin du Loiret, un tonneau de vin de Bordeaux et une pièce de rhum à 54°? (Voir le n° 127.)

132. Droit de remplacement a Paris. Pour remplacer par une taxe unique les droits d'entrée et de circulation, il est perçu par Hˡ aux barrières à Paris, en sus du droit d'octroi du n° 131 (décime 1/2 non compris) : sur vins en cercles et en bouteilles, 8ᶠ; cidres, poirés, hydromels, 4ᶠ; alcool pur en fût, liqueurs en bouteilles, 50ᶠ.

322. Quelle somme totale s'exposerait à payer pour tous les droits réunis, un propriétaire qui vendrait, entrées à Paris, 3 pièces de Vouvray de 250¹ à 140ᶠ chacune. De combien les frais payés diminueraient-ils le prix de l'Hˡ de vin?

133. Droits de détail et de taxe unique. Les débitants de vin, cidre, poiré et hydromels payent, outre une somme fixée pour l'exploitation ou la licence, un droit de détail de 15 p. 0/0 sur le prix moyen des boissons vendues par eux. Dans quelques villes les droits distincts *d'entrée* et de *détail* sont remplacés par un droit unique égal aux deux premiers : les détaillants ne payent, dans ce cas, que la licence de plus que les simples particuliers.

323. Quel est le droit de taxe unique dans les villes des départements de la 1re classe quand le vin s'y vend 0f,30 le litre?

324. Un expéditeur envoie dans une ville de 12800 habitants soumise au droit de la taxe unique, 3 charges de vin de Carcassonne, en prenant à son compte les droits de circulation, de taxe unique, et d'octroi ; qu'aura-t-il à payer si la ville appartient à la 1re, ou à la 2e, ou à la 3e, ou à la 4e classe de départements, et si la taxe d'octroi est de 4f,30 par Hl de vin (décime 1/2 non compris)? (Faites quatre comptes détaillés).

154. Formalités relatives a la circulation des boissons alcooliques. Aucun transport de vin, cidre, poiré, alcool, esprit, liqueurs et eaux-de-vie ne doit être fait sans une déclaration préalable à la régie qui en délivre expédition pour être représentée à toute réquisition de l'autorité (1). Paris est seul dispensé de cette formalité.   Lorsque les boissons alcooliques traversent des villes assujetties au droit d'entrée, leur introduction doit être précédée d'une déclaration nouvelle au bureau d'octroi, lequel, moyennant 0f,10, délivre un *passe-debout*. Les fraudes dans le transport de ces liquides sont punies avec une très-grande sévérité.

325. Quand l'expéditeur paye les droits de circulation, il prend un *congé*. Que coûtera le congé concernant le transport à Laval, d'une busse de vin d'Anjou, le timbre du congé étant de 0f,20 ?

---

(1) Chaque voyageur peut néanmoins emporter trois bouteilles de vin ou de cidre sans avoir fait de déclaration à la régie du lieu de départ.

326. Lorsque le vin est envoyé à Paris où le droit de remplacement tient lieu des droits de circulation et d'entrée, l'expéditeur prend un *acquit-à-caution*, laissant à la charge du destinataire les taxes d'octroi et de remplacement. Si une personne veut changer ses vins, cidres, etc., de cave, elle doit demander un *passavant*. L'acquit-à-caution et le passavant payent chacun $0^f,15$ de droit fixe et $0^f,10$ de timbre.

327. De combien l'acquit-à-caution pris sur une barrique de vin de $_2 10^l$ augmente-t-il le prix du demi Dl ?

ALCOOLS ET EAUX-DE-VIE.

155. SPIRITUEUX. La force des spiritueux ou leur richesse en alcool se détermine à l'aide d'un instrument gradué appelé *alcoomètre* qui s'enfonce plus ou moins dans le liquide suivant que ce dernier renferme plus ou moins d'alcool pur. L'alcoomètre le plus simple est celui de Gay-Lussac, nommé *centésimal*, parce que le nombre de degrés dont il enfonce indique le nombre de centièmes d'alcool contenu dans chaque litre de spiritueux.

328. DROIT DE CONSOMMATION. — Les spiritueux en *cercles* payent tous en cas de transport un droit principal de 75^f par Hl d'alcool pur, (décime $^1/_2$ non compris); les eaux-de-vie, esprits, et liqueurs en bouteilles acquittent la même taxe quelle que soit leur force.   Quels droits payera à la régie un cultivateur qui veut expédier un fût d'eau-de-vie de 124^l marquant $54°$ centésimaux, et $17^l,5$ de liqueur en bouteilles?

329. DROIT D'ENTRÉE. — Le droit d'entrée dans les villes des spiritueux en cercles étant basé sur leur force en alcool, il faut pour appliquer cette taxe, connaître le nombre réel de degrés qu'ils marquent. Que coûtera de droit d'entrée dans une ville de 9000 habitants, puis dans une autre de 34000 habitants : 1° un fût d'*esprit* de 170^l marquant 72^f centésimaux; 2° une pipe de *trois-six* de 615^l marquant $88°$?

330. MODE DE VENTE. L'Hl est la mesure métrique légale; néanmoins on se sert encore de la *velte* ($7^l,61$) et de la *pipe* (81 veltes).   Quand les *trois-six* de Montpellier valent 120^f l'Hl, les $^3/_6$ de betteraves, 70^f; les $^3/_6$ du midi, 95^f; les $^3/_6$ de garance, 62^f; les alcools mauvais goûts, 70^f; quel est le prix de la velte, puis de la pipe?

FIN.

ABBEVILLE. — IMP. BRIEZ, C. PAILLART ET RETAUX.